本书由
大连市人民政府资助出版
The published book is sponsored
by the Dalian Municipal Government

大连理工大学学术文库

结构动力学
拓扑优化理论与方法

Jiegou Donglixue Tuopu

Youhua Lilun yu Fangfa

张晓鹏　亢战　著

大连理工大学出版社

图书在版编目(CIP)数据

结构动力学拓扑优化理论与方法 / 张晓鹏，亢战著
. -- 大连 ：大连理工大学出版社，2020.8
（大连理工大学学术文库）
ISBN 978-7-5685-2536-7

Ⅰ. ①结… Ⅱ. ①张… ②亢… Ⅲ. ①结构动力学—研究 Ⅳ. ①O342

中国版本图书馆 CIP 数据核字(2020)第 092495 号

大连理工大学出版社出版
地址:大连市软件园路 80 号　邮政编码:116023
发行:0411-84708842　邮购:0411-84708943　传真:0411-84701466
E-mail:dutp@dutp.cn　URL:http://dutp.dlut.edu.cn
大连市东晟印刷有限公司印刷　　大连理工大学出版社发行

幅面尺寸:155mm×230mm　印张:14.75　字数:170 千字
2020 年 8 月第 1 版　　2020 年 8 月第 1 次印刷

责任编辑:遆东敏　唐　爽　　责任校对:陈星源
封面设计:孙宝福

ISBN 978-7-5685-2536-7　　定　价:45.00 元

Dalian University of Technology Academic Series

Theory and Method of Structural Dynamic Topology Optimization

Zhang Xiaopeng　　Kang Zhan

Dalian University of Technology Press

序

教育是国家和民族振兴发展的根本事业。决定中国未来发展的关键在人才，基础在教育。大学是培育创新人才的高地，是新知识、新思想、新科技诞生的摇篮，是人类生存与发展的精神家园。改革开放三十多年，我们国家积累了强大的发展力量，取得了举世瞩目的各项成就，教育也因此迎来了前所未有的发展机遇。国内很多高校都因此趁势而上，高等教育在全国呈现出欣欣向荣的发展态势。

在这大好形势下，我校本着"海纳百川、自强不息、厚德笃学、知行合一"的精神，长期以来在培养精英人才、促进科技进步、传承优秀文化等方面进行着孜孜不倦的追求。特别是在人才培养方面，学校上下同心协力，下足功夫，坚持不懈地认真抓好培养质量工作，营造创新型人才成长环境，全面提高学生的创新能力、创新意识和创新思维，一批批优秀人才脱颖而出，其成果令人欣慰。

优秀的学术成果需要传播。出版社作为文化生产者，一直肩负着"传播知识，传承文明"的历史使命，积极推进大学文化建设和大学学术文化传播是出版社的责任。我非常高兴地看到，我校出版社能够始终抱有这种高度的使命感，积极挖掘学校的学术出版资源，以充分展示学校的学术活力和学术实力。

在我校研究生院的积极支持和配合下，出版社精心策划和编辑出版的"大连理工大学学术文库"即将付梓面市，该套丛书也获得了大连市政府的重点资助。第一批出版的是获得"全国百优博士论文"称号的6篇博士论文。这6篇论文体现了化工、土木、计算力学等专业的学术培养成果，有学术创新，反映出我校近几年博士生培养的水平。

评选优秀学位论文是教育部贯彻落实《国家中长期教育改革

和发展规划纲要》、实施辽宁省“研究生教育创新计划”的重要内容，是提高研究生培养和学位授予质量，鼓励创新，促进高层次人才脱颖而出的重要举措。国务院学位办和省学位办从1999年开始首次评选，至今已开展14次。截至目前，我校已有7篇博士学位论文荣获全国优秀博士学位论文，30篇博士学位论文获全国优秀博士学位论文提名论文，82篇博士学位论文获辽宁省优秀博士学位论文。所有这些优秀博士学位论文都已经被列入“大连理工大学学术文库”出版工程之中，在不久的将来，这些优秀论文会陆续出版。我相信，这些优秀论文的出版在传播学术文化和展示研究生培养成果的同时，一定会在全校范围内营造出一个在学术上争先创优的良好氛围，为进一步提高学校的人才培养质量做出重要贡献。

博士生是我们国家学术发展最重要的力量，在某种程度上代表了国家学术发展的未来。因此，这套丛书的出版必然会有助于孵化我校未来的学术精英，有效推动我校学术队伍的快速成长，意义极其深远。

高等学校承担着人才培养、科学研究、服务社会、文化传承与创新四大职能任务，人才培养作为高等教育的根本使命一直是重中之重。2012年辽宁省又启动了“大连理工大学领军型大学建设工程”，明确要求我们要大力实施“顶尖学科建设计划”和“高端人才支撑计划”，这给我校的人才培养提供了新的机遇。我相信，在全校师生的共同努力下，立足于持续，立足于内涵，立足于创新，进一步凝心聚力，推动学校的内涵式发展；改革创新，攻坚克难，追求卓越，我校一定会迎来美好的学术明天。

中国科学院院士

2013年10月

前　言

振动和噪声是自然界和工程界中的一种普遍现象。对于结构振动来说，虽然工程中有许多利用振动进行工作的设备，但通常情况下，振动对于整个系统是有害的，它会影响设备的工作精度，并加剧结构内部构件的磨损，诱发结构疲劳破坏，从而影响结构整体的可靠性以及操作人员的安全。噪声已经被公认为是对人类具有重大危害的世界三大环境问题之一。长期处于高噪声环境中，人类的听觉和中枢神经系统均会受到严重的伤害。同时，噪声对人类的精神也会造成伤害，影响人类的休息，使在噪声环境下工作的人精神不振，注意力无法集中，从而大大增加了安全事故发生的可能性。因此，对结构的振动和噪声进行控制显得十分必要，这一问题引起了大量科研工作者的关注。

在结构振动和噪声控制的研究中，利用结构优化技术提高振动和声辐射控制效率一直为广大学者所关注。结构动力学优化与其他优化问题相比更加复杂和困难，其主要难点包括：结构动力学优化具有局部最优解过多、振幅空间分布复杂、不同频率下振幅变化剧烈等特点，从而使得动力学优化问题收敛困难；结构动力学优化灵敏度分析复杂，特别是动力学拓扑优化问题设计变量计算量很大；高频激励下结构振动局部特性过多，而引入惩罚模型的优化问题又给动力学带来了虚假局部模态的问题，加剧了动力学分析和优化求解的难度。近年来，许多学者工作致力于结构动力学优化问题的研究，并获得了一定的进展。然而，结构动力学拓扑优化研究中依然存在着许多缺陷和不足，其中包括：绝大多数动力学拓扑优化都基于结构无阻尼或比例阻尼假定，对于具有阻尼材料层结构的拓扑优化研究基本空白,对于优化问题中的阻尼模型研究缺失;已有的结构动力学拓扑优化研究绝大多数只针对振动系统的固有频率或简谐激励下的稳态响应进行优化,对结构瞬态响应和冲击响应的优化研究十分欠缺;现有研究集中于基于被动控制的结构动力学拓扑优化,而考虑主动控制的拓扑优化研究基本空白。

全书共分为6章:第1章论述了结构振动和声辐射控制的基本概念,结构拓扑优化方法,进而介绍近年来被动控制和主动控制下结构动力学拓扑优化进展;第2章论述了表面敷设阻尼层的结构拓扑优化问题及其求解方法,首先论述了非比例阻尼结构稳态响应的求解方法,进一步介绍了拓扑优化问题列式及相应的灵敏度分析。第3章论述了以减小结构辐射声压为目标的结构阻尼材料拓扑优化问题及其灵敏度分析方法,其中重点介绍了带有惩罚的阻尼材料模型、基于边界元方法的外声场声辐射模拟分析、参考点位置声压模的灵敏度分析方法。第4章论述了减小结构在简谐激励下动柔度为目标的压电传感器层和压电作动器层的拓扑优化方法,主要论述了基于速度负反馈的控制算法、基于伴随变量法推导目标函数的灵敏度方法。第5章论述了以减小结构辐射声压为目标的压电传感器和压电作动器表面电极层的拓扑优化问题。第6章论述了基于主动控制的压电智能结构瞬态响应动力学拓扑优化。

本书可作为高等院校力学、航空航天、机械、土木建筑、车辆工程等专业的学生和工程技术人员的参考用书。

本书获得大连市人民政府资助出版,在此深表谢意!

由于研究水平和撰写经验有限,书中可能存在不妥之处,恳请读者批评指正。

著　者

2020年5月

目　录

Table of Contents

1 结构动力学拓扑优化基本概念

1.1 结构振动控制

对于多数机器设备和工程结构来说，为保持其正常工作，一般都要求将其振动性能控制在某一量级之内。振动控制的目的就是利用不同控制手段来减轻结构和设备的振动并阻止其向外界传播。

对于一个振动控制问题来说，其核心的3个要素为振动源、传播途径、受控对象。因此按照振动控制所关注的方面可以将振动控制分为如下几种：

(1)抑制振动源的振动

抑制振动源的振动是振动控制中最彻底也是最有效的办法。因为无论关心的是系统中任何位置的振动，其来源都是振动源，因此只要减小振动源的振动，整个系统绝大多数位置的振动程度都会随之降低。常见的振动源振动控制包括在发动机组安装附加重量的装置，或直接在振动源处加装吸振装置等。

(2)振动隔离

当受控对象并不在振源时，阻断振源与关心对象之间的振动传播途径也是一种非常有效的手段。使用振动隔离时，一般在振源和关心对象之间添加一个子系统，以减少两者之间的振动传播。在工程中常使用防振沟(振源周围设置沟槽并填充木屑等松软物质)或隔振原件(隔振弹簧、橡胶垫)等来实现这一功能。

依据隔振目的的不同，振动隔离的方式可以分为积极隔振和消极隔振。积极隔振是指在可能发生振动的设备与外界相连的区域添加隔振原件，使得该设备的振动难以向外传播；而消极隔振是指对需要保护的设备，在其与外界相连的区域装入隔振原件，使外界可能发生的振动难以传给需要保护的设备。

对于隔振效果的评价，一般选用振动传递系数(T)进行度量。振动传递系数可以通过 $T=|$传递力幅值/扰动力幅值$|$或 $T=|$传递位移幅值/扰动位移幅值$|$进行定义。

(3)动力吸振

动力吸振的本质就是在受控系统上附加一个吸振系统，当某一外加载荷施加在主系统中时，吸振系统发生局部共振，使主系统的振动程度降低。

使用动力吸振系统应满足如下几个条件：①外载荷频率要与吸振系统的固有频率相近，且外载荷频率需要相对恒定；②结构整体阻尼效应较弱；③主系统有减振需求。

(4)阻尼减振

阻尼效应是振动系统消耗能量的一种能力。适当地在振动系统中添加阻尼，是振动和声辐射控制中一种重要的手段。多种办法可以实现增加系统中阻尼的功效，包括在机械制造中采用高阻尼性能的零件、选取阻尼性能较好的结构构型、增加构件之间的相对摩擦、在系统中特别安装专门的阻尼器等。

具体说来，阻尼的作用有以下几个方面：

①阻尼效应能够显著减小机械结构共振情况下的振幅，从而能够避免结构在共振的情况下产生过大的应力导致结构破坏。

②阻尼效应能够使机械结构在瞬间受到冲击载荷后，快速地恢复到结构稳定的状态。

③阻尼能够减小机械结构由于振动而产生的声辐射，从而达到减小噪声的目的。

④阻尼能够明显减小各类仪器在使用状态下的振动程度，从而增大各类机床、仪器的加工或测量精度。

⑤阻尼能够更好地减弱结构内部或结构之间的振动传递，以达到隔振的目的。

常用的阻尼材料按其材料性质，可以分为四大类：黏弹性阻尼材料（如阻尼橡胶和阻尼塑料等）、金属类阻尼材料（如阻尼合金）、液体涂层类阻尼材料（如阻尼涂料、阻尼油料等）、沥青材料。其中，黏弹性阻尼材料是当前最受关注、使用最广泛的阻尼材料。

结构的阻尼减振需要通过由阻尼材料组成的阻尼结构来实现。阻尼基本结构有两大类，即离散式阻尼结构和附加式阻尼结构。

①离散式阻尼结构：主要包括用于振动隔离的阻尼器件（如弹簧减振器、摩擦阻尼器等）。

②附加式阻尼结构：被认为是一种能够显著提高机械结构阻尼性质的结构。通过在各种结构件表面黏附上高阻尼材料，可显著提高该构件的阻尼性质，并同时提高该结构的抗振性能和稳定性。在附加式阻尼结构中较为常见的两种为自由阻尼结构（free layer damping）和约束阻尼结构（constrained layer damping），其构型如图 1.1 所示。

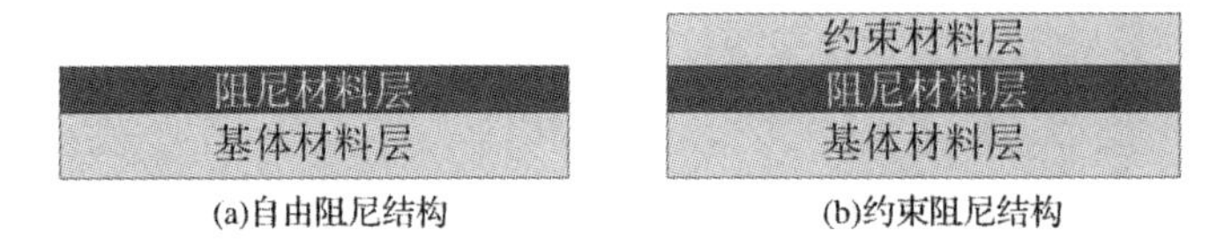

图 1.1　自由阻尼结构和约束阻尼结构的构型

Fig. 1.1　Free layer damping treatment and constrained layer damping treatment

自由阻尼结构是将阻尼材料整体直接黏附在需要减振的结构或构件上，如图 1.1(a)所示。当基体材料层由于振动而发生变形时，阻尼材料层也将随之发生变形，进而产生交变应力和交变应变，起到消耗能量和减振的作用。

约束阻尼结构由基体材料层、阻尼材料层、约束材料层 3 层材料构成，如图 1.1(b)所示。当基体材料层发生弯曲振动时，阻尼材料层的上、下表面分别发生压缩变形和拉伸变形，使得阻尼材料层受到剪应力的作用，从而实现对结构的减振和阻尼作用。

(5)改变结构构型

不对结构振动附加子系统改变其振动特性，而是通过改变受控对象的动力学参数达到减小结构振动的效果。这一手段被认为是结构控制中先进、有挑战性的手段之一。实现这一效果主要依靠的是结构优化技术，将在后文详述。同时需要指出的是，利用振动隔离、动力吸振、阻尼减振等外加子系统对结构进行减振时，依然可以使用优化技术来增强各种系统的减振效果。

上述振动控制手段经过长时间的发展已经广泛应用于航空航天、高速列车、汽车、潜艇、海洋平台等诸多领域，并发挥了重要的甚至是决定性的作用。

另外，振动控制也经常按照控制的机理不同，分为被动控制和主动控制两大类，并由此衍生出介于两者之间的半主动控制。

（1）被动控制

被动控制不需要外加控制能源，装置结构简单，在许多情况下减振效果和可靠性好，在工程中已经被广泛采用。常见的被动控制装置有减振弹簧、减振阻尼、吸振泡沫等材料，如图 1.2 所示。

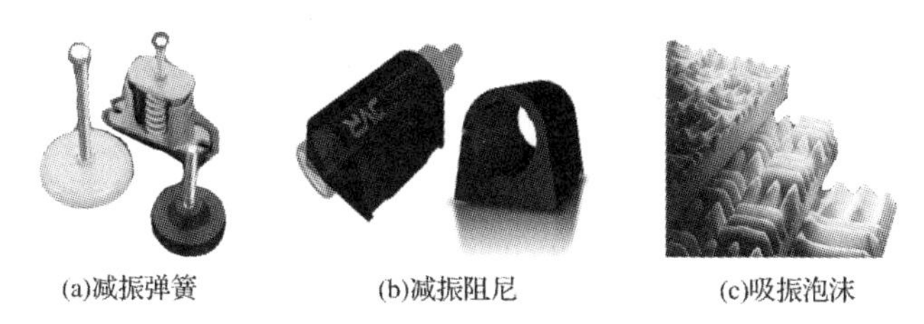

图 1.2 被动控制装置

Fig. 1.2 Passive control devices

（2）主动控制

主动控制需要外加控制能源，在控制过程中根据传感器感知的系统的振动，选取一定的控制策略并进行相应的计算，通过作动器对系统施加力或者力矩。振动主动控制系统主要由 3 部分构成:传感器、控制器和作动器。传感器感知外部激励信息或系统响应信息,控制器接收传感器信息并通过一定的控制算法给出作动器所要施加的控制信号,作动器则产生相应的控制力作用到系统中,从而达到振动控制的目的。

从传感器感知信息的来源划分,可以分为前馈控制和反馈控制。前馈控制是指在外部激励尚未引起系统振动响应的时候,通过传感器感知外部输入或干扰信号,通过计算,直接产生抵消或放大系统响应的控制力,即受控系统在未发生响应之前,控制器就已经对其产生了控制作用。而反馈控制是指传感器对受控系统的输出状态进行检测,利用检测到的系统响应,经调试放大后传送到控制器中,利用控制规律和算法产生相应的控制信号,控制信号施加在作动器上所产生响应的控制力或控制力矩对系统的振动产生控制作用。前馈和反馈控制系统如图 1.3 所示。

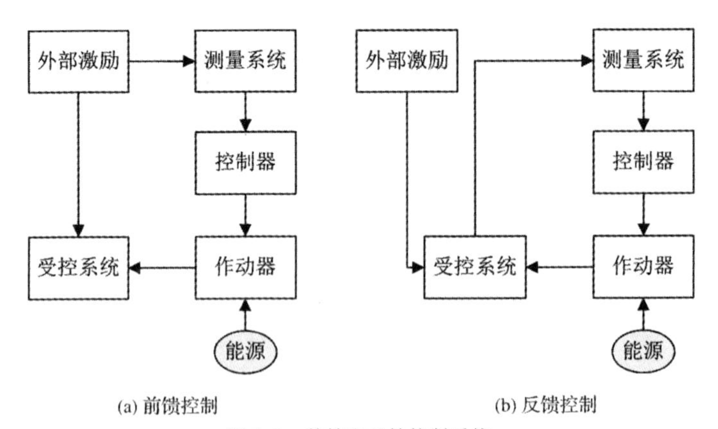

图 1.3 前馈和反馈控制系统

Fig. 1.3 Feedforward and feedback control systems

(3)半主动控制

半主动控制则介于主动控制与被动控制之间,它需要外加控制能源,但能源并非通过作动器直接作用于系统中,而是通过作动器改变系统的刚度效应、阻尼效应或局部共振特性达到控制的目的。因此可以说,半主动控制是一种振动系统的参数控制技术。半主动控制主要有价格低廉、能耗较小、体积和质量不大等优点。常用的半主动控制元件包括可控弹性和惯性元件(如形状记忆合金)、可控阻尼器(如磁流变、电流变阻尼器)、可控动力吸振器等。

结构振动控制已经有多种方式,振动隔离、动力吸振、阻尼减振等方式均能显著增强结构的振动特性。以在结构中布置阻尼材料为例,在结构的所有表面布满阻尼材料会导致材料的浪费,同时过多的阻尼材料会带来巨大的附加质量从而使得结构过重影响动力性能和使用成本(以火箭为例,结构质量直接影响发射成本),所以在实际工程结构中,阻尼材料只是在结构的局部进行敷设。在哪里布置阻尼材料才能达到最佳的减振效果,一直是工程师们和科学家们所期待解决的问题,而这一问题正是一个典型的动力学优化问题,这也刺激广大学者对这一问题开展深入的研究。

1.2 结构声辐射控制

由声辐射所引起的噪声是一种重要的污染,它具有无后效性的特点,即声源停止辐射,噪声也就停止。

声辐射控制必须考虑 3 个重要的环节:声源、传播途径、接收者。因此,与之对应的控制方式就包括声源控制、传播途径控制、接收者保护3个方面。

声辐射控制中最根本也是最有效的办法就是进行声源控制，也是声辐射控制中最受关注的问题。声源控制主要有两种方法：①改进声源设备的结构形式，通过改变声源的动力性质而降低其声辐射功率；②在声源处利用吸声、隔声、减振等技术对声的吸收、反射、干涉效应进行控制。

传播途径控制也是声辐射控制中常用的方法之一。当产生声辐射的设备制造完成后，再对其进行声源控制往往比较困难，但在声辐射传播途径上控制却依然很容易实现，且效果明显。常见的方式包括设置隔声屏障、隔声间等方法。对声辐射传播途径的控制实质上就是利用各种方式使声波在传播过程中迅速衰减。

接收者保护也是声辐射控制的一个重要手段。当对声源、声辐射传播控制都具有较大困难时，对接收者实现最后的保护也是十分有效的，例如对人的保护可采用耳塞或耳罩的方式，对精密设备的保护可使用一个隔声间或隔声外壳将其封闭在其中。

声辐射控制问题对优化具有迫切的需求。在过去的几十年中，已经有许多学者致力于结构声辐射性能的优化研究。以主动声辐射控制为例，许多研究表明使用不同的控制方法，或者改变传感器的形状、尺寸、位置、数量都能显著改变振动结构的声辐射性能。因而，对主动控制的效率进行优化显得十分迫切，早期研究主要通过遍历搜索作动器的位置和尺寸的方法寻找最优解，但这一方法在许多情况下显得过于笨拙，迫切需要使用效率更高的优化方法对这一问题进行研究。

1.3　结构拓扑优化方法

1.3.1　结构拓扑优化的基本内容

在人类的生产与生活中，需要设计满足各种需求的结构。而在结构设计的过程中，如何有效地利用材料和能源，使得设计的结构能够达到“优”这一标准，一直是设计人员追求的目标。在传统的结构设计之中，设计人员往往凭借经验或参考其他已有设计，判断并创造一个设计方案，然后通过计算或实验复核的方式来证实设计方案是否可行。所以，传统的结构设计就是人工试凑和分析比较的过程，主要依靠人为的经验进行判断，故其设计过程往往很长，且最终的设计方案大部分仍有很大的改进余地。因此，设计人员迫切需求一个主动设计结构参数的系统方法，这也促使了结构优化的产生。自 20 世纪 60 年代以来，由于计算机技术、各种分析工具以及数学规划方法的不断发展，结构优化得以迅速发展。

结构优化问题的 3 个基本要素包括目标函数、设计变量及约束条件。其中，目标函数用于评价结构设计的“优”或“劣”，不同的优化问题其目标函数具有很大差别。在一般的结构优化问题当中常常选取结构的质量、制造成本、位移响应等作为目标函数；对于动力学优化问题来说，结构的基频、振幅或振速、声辐射性能等常被作为目标函数。设计变量是在优化问题中可供调整和修改的参数。相应的，在优化问题中设计变量所能允许调整的范围以及优化问题中所需要满足的一些其他条件（如控制方程、工艺约束等）

则被统称为约束条件。

结构优化根据既定的结构形式、工况、材料和各种约束条件，提出结构性能最优的数学模型。其目的是以最少的材料、最低的造价，实现最优的结构性能，其中包括强度、刚度、动力性能及稳定性等。实践表明，将优化的方法应用于结构设计，不仅可以大幅缩短设计周期，显著地提高设计质量，而且还可以解决传统设计方法无法解决的复杂设计问题。

目前结构优化的实际应用相当广泛，涉及建筑设计、航空航天、交通运输、国防等重要领域，因此受到政府部门、科研机构和产业部门的高度重视。特别是在航空航天领域，结构优化技术已经发挥了至关重要的作用。在空客 A380 的研制中，已经综合运用了拓扑、形状以及尺寸优化等技术进行结构设计，仅机尾项目就节省了 15%的结构质量。

结构优化研究分为 3 个层次，即尺寸优化、形状优化以及拓扑(布局)优化。其中，拓扑优化是最高层次的优化技术，可以产生最大的效益。尺寸优化和形状优化均是在给定材料基本分布形式的条件下进行，而拓扑优化可以改变连续体结构布局形式以及开孔区域的数量和位置，从而实现加强筋、压电片等构件和减重孔的最优布局，自动实现结构形式的优选。因为拓扑优化在结构设计的初始阶段即被引入，有利于实现结构创新设计，所以可获得更大的经济效益。在航空航天技术领域，拓扑优化技术的研究也引起重视，并已经开始应用于飞机等航空结构的方案选型和组件设计中，取得了显著的经济效益。同时，拓扑优化的研究也已经拓展多学科优化领域，在最佳散热结构、零膨胀系数材料、带隙材料的设计中取得了成功的应用。

工程结构在工作过程中受到多种复杂的稳态和瞬态动力学载荷，因此利用优化技术改善结构动力学性能对提高结构的可靠性至关重要。然而对工程结构进行动力学拓扑优化设计与静载荷下拓扑优化相比具有显著的困难，包括结构动力学优化问题面临局部最优解陷阱、动力学响应的灵敏度分析十分复杂、不合理作动器布局导致振动控制效果不稳定等。另外，利用非均布阻尼材料进行振动被动控制和非满布压电作动器进行振动主动控制，会对结构带来非比例阻尼性质，从而进一步加剧了结构动力学响应和灵敏度分析的复杂程度。

按结构优化设计所关注的优化层级不同，结构优化问题可以分为 3 类，即尺寸优化、形状优化、拓扑优化，如图 1.4 所示。

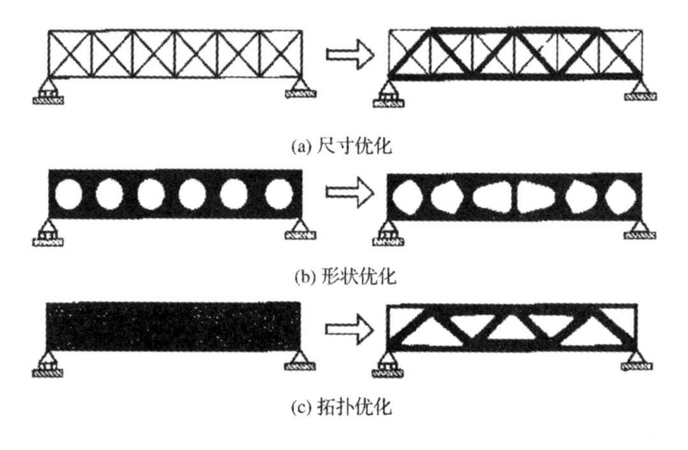

图 1.4　3 类结构优化问题

Fig. 1.4　Three categories of structural optimization

尺寸优化在 3 类优化问题中被最早提出。尺寸优化中选取被优化结构的主要尺寸参数(如杆件的横截面积、板或壳体的厚度或各层间的厚度比)作为设计变量。这类优化问题的特点是在优化中结构的几何形状和拓扑形式不发生改变,设计变量少、实践简便,但由于可改变的结构参数较少,结构性能在优化后往往并不能得到十分显著的提高。

形状优化允许结构的形状发生变化,其优化设计变量为结构的边界几何形状,通过优化一些控制几何形状变化的参数(如椭圆参数等)来控制结构形状的改变。形状优化依然不能改变结构的拓扑形式,其关键点是寻找能够描述结构边界形状的控制参数。对于形状优化来说其主要难点在于形状参数的确立、形状灵敏度分析以及由于形状改变而带来的求解困难(如有限单元网格调整)等问题。

拓扑优化的本质目的是弥补尺寸与形状优化不能改变结构拓扑形式的不足。拓扑优化由于其描述结构拓扑形状的复杂性成为近年来结构优化领域研究的热点。拓扑优化的核心即寻求设计域中结构的最佳拓扑形式,包括静力学问题中的最优传力路径、热传导问题的最优散热/绝热构型等。与形状与尺寸优化相比,拓扑优化的优势在于不仅能够优化结构的形状和尺寸,同时也可以设计结构内部的孔洞个数、位置以及形状等。拓扑优化的发展和基本内容将在下一节给出。

1.3.2　结构拓扑优化的发展历程

拓扑优化问题的研究最早始于对桁架结构优化设计的研究,20 世纪初,Michell 使用解析的手段给出了应力约束下桁架结构的最优拓扑构型,并提出 Michell 桁架及相应的准则,由此揭开了拓扑优化的序幕。由于 Michell 桁架结构是利用解析方法得到的，因此它只适用于一些简单的工况。在 Michell 桁架理论提出后的几十年中，不断有学者对其理论进行发展并逐步完善。Cox 给出了 Michell 桁架在给定材料用量下结构最小柔顺性的理论证明。Hegerniner和 Prager 讨论给出适用于结构动力学参数优化和非线性材料结构等情况下的 Michell 准则。Hemp 讨论了拉压不同强度下 Michell 桁架理论。Rozvany 对 Michell 桁架理论进行了进一步的修正，并讨论了解的唯一性和桁架杆件的正交性等问题。在桁架拓扑优化理论不断发展的过程中，计算固体力学方法、数学规划方法和计算机技术也经历了高速的发展，这也给桁架拓扑优化以及后来产生的连续体拓扑优化提供了一个良好的研究平台。

20 世纪六七十年代以来，离散结构（桁架）拓扑优化设计的相关研究得到了快速发展。其中，多种数学规划方法开始应用于桁架优化问题的求解并引发了大量学者的关注。20 世纪 90 年代初，Zhou 和 Rozvany 提出了新的优化准则方法（DCOC 方法），该方法能够极大地扩大桁架拓扑优化问题的计算规模，并成功地应用于同时考虑节点位移和杆件应力约束的桁架拓扑优化问题。1997 年，程耿东和郭旭提出了 ε-放松法和延拓算法，成功解决了桁架应力拓扑优化研究中的“奇异最优解”这一大难题。近年来，大量学者继续致力于桁架拓扑优化问题的研究。例如，周克民等提出并发展了利用有限单元法构造 Michell 桁架的技术，并成功应用于各向异性纤维增强复合材料板的拓扑优化设计中；Sokol 开发了 99 行桁架拓扑优化程序；Sokol、Rozvany、Lewinshi 等人则在近年进一步用解析的方法推导一些更为复杂情况下的 Michell 精确解。

至今,离散体(桁架)的拓扑优化问题仍然是人们研究的热点之一。

连续体拓扑优化起源于20世纪80年代初,程耿东和Olhoff在研究实心板最小柔顺性问题时,创造性地将微结构的概念引入到结构拓扑优化中,并实现了变厚度板的加强肋的最优拓扑设计。这一工作是连续体拓扑优化的先驱性工作,引起了大批学者的关注。1988年,Bendsoe和Kikuchi将均匀化理论引入连续体拓扑优化中形成了均匀化方法(homogenization method,HM),这一方法极大地促进了连续拓扑优化的发展。随后几年先后出现了人工密度方法(solid isotropic material penalization,SIMP),渐进结构优化方法(evolutionary structural optimization,ESO)和水平集方法(level set method)等。这些方法在提出后获得了广泛的关注,并引发了大量的后续研究。对上述几种方法将在下一节中给出基本介绍。

当结构拓扑优化问题建立之后,则面临着如何对其求解的问题。对于无法推导灵敏度的拓扑优化问题,往往使用0阶算法(如Powell算法等)或智能优化算法(遗传算法、模拟退火算法等)对优化问题求解,但由于智能优化算法计算成本较高,因而这类拓扑优化问题受困于优化效率,其设计变量规模往往较小。基于梯度的结构拓扑优化方法则主要依赖于优化准则方法和数学规划方法等进行求解。优化准则方法的主要思想是利用极值点满足的必要条件(KKT条件)推导出最优解所应满足的准则,并构造合适的迭代格式更新设计变量,直至收敛。优化准则方法能够处理大规模问题,且优化效率较高,已被广泛使用。然而,对于多种约束的问题,其优化准则需要引入不同的拉格朗日乘子,这些拉格朗日乘子往往难于构造，这也限制了优化准则方法的使用范围。数学规划方法与优化准则方法相比，其主要优势是大量的数学规划方法已经被固化为标准的程序包，对拓扑优化研究者来说只要根据其所提供的程序接口给出相应的响应、约束、灵敏度信息即可。而且随着数学规划法的不断发展，其计算效率和寻找最优解的能力也在不断地提高，这也为优化研究者研究更复杂问题（如非线性、多物理场问题等）提供了一个很好的平台。目前，已经有大量的基于梯度的数学规划方法成功用于拓扑优化问题的求解，包括最速下降方法、序列线性规划方法、序列二次规划方法、内点法等。特别要指出的是，由 Svanberg 所提出的 MMA 方法（method of moving asymptotes）和 GCMMA 方法（globally convergent version of MMA），其方法本身就是针对结构拓扑优化问题中的一些特点而提出，加上 Svanberg 结合拓扑优化的特点对这一方法不断改进，因此深受优化工作者的喜爱并被广泛使用，本书所研究的优化问题都是利用这一方法进行求解。大量的中英文文献对 MMA 方法和 GCMMA 方法的求解过程曾进行详细的描述，作者在此不再重复。

1.3.3 连续体结构拓扑优化方法

本节主要对拓扑优化研究中使用广泛的均匀化方法、变密度法、水平集方法、ESO 方法进行简要的介绍。

(1)均匀化方法

均匀化方法的核心思想是将结构拓扑优化问题转化为容易实现的材料微结构尺寸优化问题，然后利用均匀化理论得到不同微结构下结构宏观的材料特性，进而建立材料宏观的物理性质和微结构尺寸之间的关系，在不断优化微结构尺寸的过程中得到结构宏观尺度上的最优拓扑构型。该方法自从1988年由Bendsoe和Kikuchi提出以来，受到了广泛的关注。1990年，Guedes和Kikuchi就将均匀化方法成功用于三维结构的拓扑优化设计。Diaz和Bendsoe则利用均匀化方法研究了多种工况条件下结构拓扑优化问题。随着研究的深入，人们逐渐认识到，使用该方法当结构单胞较为复杂时，需要对各种微结构进行有限单元分析以获得其等效弹性本构关系，这将使优化效率降低。因此许多学者致力于研究不同的求解方法以提高均匀化方法的计算效率。即使如此，利用传统的均匀化方法进行连续体拓扑优化研究与其他的拓扑优化方法相比发展相对缓慢。然而，随着计算材料科学的不断发展，对于材料设计的需求也越来越大，因此逆向均匀化问题(已知微单胞的性能参数，求解其微单胞的最优拓扑形式)的研究获得了蓬勃的发展。其中，Sigmund深入地研究了逆均匀化方法，并实现了特定性能的微结构优化；Sigmund和Jensen利用逆均匀化方法实现了声子带隙材料的微观结构设计；杨锐振和杜建镔基于逆均匀化理论实现了以减小振动结构的声辐射功率为目标的材料微结构设计。

在均匀化方法中，假定结构设计域完全由复合材料所组成，并且该材料是不均匀的，材料单胞具有可调微结构。微结构由各向同性材料实体和孔洞构成，通过计算微结构尺寸和方向来确定孔洞的尺寸和位置，将宏观结构的拓扑优化问题转化为对材料微结构几何参数尺寸优化的新问题，从而得到结构的最优拓扑布局。该过程可以归纳为4个主要的迭代步骤：①计算优化设计模型的均匀化系数；②通过求解状态平衡方程来计算目标函数，如果计算结果满足收敛条件，则停止优化迭代；③进行灵敏度分析；④采用OC准则方法来更新设计变量，然后返回到步骤①继续迭代。

均匀化方法的优点是具有严谨的理论依据和良好的收敛性，但是当单胞微结构复杂时，用来描述微结构尺寸和方向的设计变量数量会增多，而且还需要对微结构材料参数进行等效分析，导致优化计算效率降低。

(2)变密度法

在均匀化方法出现之后不久，Bendose的论文以及紧随其后的几个工作提出了一种称为SIMP方法(solid isotropic material penalization)的拓扑优化方法，该方法的核心是建立单元密度ρ_i与弹性模量$E(\rho_i)$之间的幂指数惩罚关系，其表达式为

$$E(\rho_i)=\rho_i^p E_0 \tag{1.1}$$

式中，p为惩罚因子；E_0为实心材料的弹性常数。

SIMP方法的初衷是降低均匀化方法的复杂程度并使得优化更容易收敛到0—1解。然而在随后的工作中，Bendsoe和Sigmund证明了SIMP模型在其求解过程中的中间密度单元所对应的微观结构的客观存在性。Petersson则证明了在$p=1$时对于以柔顺性为目标函数的优化问题是一个凸问题且有唯一解。另一方面，Jog和Haber指出棋盘格式现象出现的本质原因是在数值建模中过高地估计了棋盘格式的刚度。Haber等提出的利用周长控制的方法和Sigmund提出的灵敏度过滤方法都能有效抑制棋盘格式的产生。Sigmund和Petersson详细讨论了拓扑优化中各种数值不稳定现象的成因与解决方法。上述工作与同时期的其他一些工作奠定了SIMP方法的理论基础。Sigmund在2001年开发了仅有99行的

SIMP方法拓扑优化的MATLAB程序，使得大量的学者和工程师可以简便、直观地了解这一方法，这也促使SIMP方法得以高速发展。近年来，基于SIMP方法求解结构拓扑优化问题的工作越来越多，并扩展到不同领域中，如考虑应力约束的拓扑优化问题、拓扑相关载荷优化问题、热传导优化问题、结构振动拓扑优化问题、多物理场作动器拓扑优化、声子光子晶体结构拓扑优化等。

在SIMP方法不断发展的过程中，许多学者也提出了一些不同的单元密度插值形式。其中，RAMP插值形式(rational approximation of material properties)是较为著名的一种。在RAMP插值模型下，单元密度ρ_i与弹性模量$E(\rho_i)$之间的关系为

$$E(\rho_i)=\frac{\rho_i}{1+q(1-\rho_i)}E_0 \tag{1.2}$$

式中，q为惩罚因子。

引入RAMP方法的初衷是减轻SIMP方法所带来的非凸性质，从而使优化能够更好地收敛到0－1解。RAMP方法与SIMP方法主要的区别在于当$\rho_i=0$时，RAMP方法依然能够得到一个非0的梯度，这样可能对优化时的收敛性有所帮助。另外，RAMP插值模型还能解决动力学问题中SIMP方法在低密度区域产生局部模态的问题。

为了能够对设计域内的拓扑材料场进行更合理的物理解释，Matsui和Terada提出了基于节点设计变量的拓扑优化方法。这一方法能成功解决SIMP方法中的棋盘格式问题。基于这一思想，Guest等利用节点密度设计变量映射为单元密度的方法实现了拓扑优化中的最小尺寸控制，并进一步使用Heaviside映射的方法实

现了拓扑优化中最小实心/孔洞尺寸或者尖角控制。然而，节点密度方法也有其自身的一些问题，如 Rahmatalla 和 Swan 指出直接使用节点密度方法会产生孤岛效应，后来一些学者致力于对这一方法的改进以消除这一现象。亢战和王毅强提出以独立点密度作为设计变量的拓扑优化方法(independent pointwise density interpolation，iPDI)，成功解决了 SIMP 方法中的棋盘格效应和节点密度方法中的孤岛效应的问题。罗震等则提出了基于无网格伽辽金法的双级点密度逼近的拓扑优化方法。

(3)水平集方法

水平集方法(level set method)源于对动态界面追踪的相关研究。经过一些对水平集函数用于结构优化的尝试，王煜等和 Allaire 等先后独立地利用响应泛函的灵敏度构造了水平集函数的速度场，并通过求解双曲型方程以实现拓扑构型的演化，从而正式确立了水平集方法，至今这一基本思想仍然是水平集方法中最为流行的处理方式。许多学者基于这一方法，进行了一系列的扩展，其中：王煜和王晓明提出了 color level set 方法用于求解多种材料分布的拓扑优化问题；罗震等为避免求解复杂的 Hamilton-Jacobi 方程分别提出了参数化水平集方法和分段常数水平集方法。这些方法对水平集方法的发展起了重要的推动作用。经过十余年的发展，基于水平集的拓扑优化方法已经成功应用于结构固有频率问题、结构振动和声辐射问题、最小应力问题、流体优化问题、热传导问题、电力耦合问题、电磁场问题等众多拓扑优化前沿问题的研究之中。由于水平集方法具有最优解边界光滑的独特性质，对这一方法的理论和应用的研究越来越广泛。

水平集方法将均匀化方法的优点与形状灵敏度的优点相结合，可以处理大多数类型的目标函数，甚至是非线性函数。水平集方法可以同时处理结构复杂边界的形状优化和结构拓扑优化，由于结构拓扑优化的实现被转化为求解与结构边界的形状导数具有直接关系的 Hamilton-Jacobi 方程，因此可以有效缓解棋盘格式等数值求解问题。虽然水平集方法由于其具有边界光滑的最优解这一特点而受到广泛普及，但仍存在不足的地方，例如在优化过程中，水平集方法需要正则化手段来减少优化结果的网格依赖性。虽然周长约束等整体过滤技术已经成功应用，但仍缺乏有效的局部正则化技术。即使过滤方法基于网格独立的长度尺寸，也不能完全保证网格独立性。并且由于水平集方法仅仅通过边界形状进行演化，在优化过程中改变初始设计的几何形状通常需要大量的迭代计算，导致计算效率降低。

(4)ESO 方法

渐进结构优化方法(evolutionary structural optimization, ESO)由 Xie 和 Steven 在 1993 年提出，其思想来源于生物进化的基本概念，通过判断单元对目标函数贡献程度的大小，逐步将对目标函数贡献较小的单元删除。由于删除区域单元的刚度不再计入有限单元分析中，从而能够真正实现 0－1 拓扑结构。在 ESO 方法提出以后，许多学者对这一方法进行了深入的研究。Li 等探讨了 ESO 方法中的棋盘格形式并提出了相应的解决办法。Tanskane 详细地讨论了 ESO 方法，并指出了 ESO 方法与基于序列线性规划的拓扑优化方法在一定条件下是等效的。为了克服传统 ESO 方法只能删减单元而不能增加单元的缺陷，Qnerin 等提出了双向渐进优化方法(bi-directional evolutionary structural optimization, BESO)成功地实现了增删单元的功能,随后Huang和Xie进一步完善了BESO方法,形成了目前通用的优化列式和求解方法。虽然ESO和BESO方法仍然存在一些缺点和不足,但不可否认的是,ESO方法已经成功应用到多个领域的优化设计中,并成为迄今为止唯一一个直接应用于建筑结构设计的优化方法,用ESO方法设计的地标性建筑已在日本和卡塔尔落成。

此外,隋允康在总结已有拓扑优化方法的特点之后,提出了独立连续映射(ICM)的拓扑优化方法。这一方法建立了与物理参数无关的“独立拓扑变量”的概念,使得拓扑优化真正成为一个独立的优化层次。ICM方法已经成功应用于应力优化、静力响应和动力拓扑优化等问题的研究之中。

在连续体结构拓扑优化求解的过程中会出现数值不稳定问题,如灰度单元、棋盘格式、网格依赖性以及局部最优解等。为了解决这些问题,学者们做出了大量的研究工作。下面对这些数值问题的产生原因和相应的解决方法进行简要介绍。

(1)灰度单元

灰度单元指在结构拓扑优化计算过程中大量设计介于0和1之间的变量值,最终结构的拓扑构型中存在大量的灰度单元,导致难以得到清晰的材料分布,无法应用于工程实际中。

灰度单元问题主要在SIMP方法等密度方法中出现,为了避免这个问题,通常的解决方法有:

①采用惩罚技术,通过加大惩罚系数的取值(通常取惩罚系数$p=3$),可以有效抑制灰度单元的出现。但是惩罚系数的取值过大

会导致优化问题求解收敛速度变慢，甚至不收敛。

②使用过滤手段，通过选取合理的过滤半径可以有效地减少优化过程中灰度单元的产生。

(2)棋盘格式

棋盘格式指在优化的过程中，结构某些设计区域内材料的相对密度呈现0—1交替分布的形式，即结构的拓扑形式表现为实体材料和孔洞交替出现。由于其结构构型如同国际象棋的棋盘一样，因此被称为棋盘格式。这一现象最早由Bendsoe、Diaz和Kikuchi提出。

棋盘格式是结构拓扑优化问题中较为常见的数值求解不稳定现象，采用均匀化方法和SIMP方法都有可能会产生棋盘格式。早期棋盘格式被认为是在优化过程中生成的一种微结构形式，后来人们又进行了大量的研究，发现这种材料排列方式下结构并不具有最优的性能。Diaz和Sigmund认为在对结构进行有限单元离散的时候，由于引入了数值逼近，棋盘格式分布区域的局部刚度被过高估计，这种材料分布形式下的应变能密度为优化问题的极值，他们还给出了相应的数值算例。Jog和Haber的研究表明棋盘格式的产生与所使用的有限单元分析方法、单元类型以及优化设计变量的选取有一定的关系。Bendsoe指出优化解的存在性以及有限单元法的收敛性也是导致棋盘格式产生的原因。

解决棋盘格式的研究工作主要有：使用高阶单元或超单元；使用过滤技术；周长控制；单元尺寸控制；对棋盘格进行约束；对棋盘格进行惩罚；采用六边形单元；采用斜率约束。

(3)网格依赖性

网格依赖性指结构的最优拓扑结果依赖于对结构进行有限单元划分的网格疏密程度。当网格划分得十分密集时，最终的拓扑优化结果也会变得十分复杂。

此时由于优化结果中存在数量较多的细小结构，不仅导致结构整体制造加工难度提升，还容易产生局部屈曲等结构稳定性问题。网格依赖性问题产生的根本原因是原始的优化问题没有全局最优解，或者全局最优解不唯一。

近些年来，为了解决网格依赖性问题，学者们进行了许多研究，主要的解决方法有松弛方法、约束方法以及与网格不相关的过滤技术等。松弛方法是采用均匀化方法或其他方法对原优化问题进行放松，但是该方法最后得到的拓扑构型通常会含有比较复杂的材料分布，难以进行制造加工。约束方法就是对原优化问题中的某些值进行约束，以保证最终能够获得 0－1 分布的优化解。通常的约束策略有周长约束和密度梯度约束等。

(4)局部最优解

局部最优解指结构设计域采用相同的离散方式进行网格划分，使用不同的求解方法或者同一求解方法选取不同的初始设计值，最终得到的优化结果也不相同。局部最优解现象产生的原因通常是因为原始的优化问题为“非凸问题”，对该问题求解往往只能得到局部最优解而并非全局最优解。为了得到全局最优解，一般的做法是将原始的非凸优化问题转化为一系列的凸逼近子问题，然后采用基于函数梯度的计算方法(如 MMA 方法)进行求解。

在使用 SIMP 方法构造材料惩罚插值模型时，由于引入惩罚因子,也会导致原始的优化问题凸性变差,使得最终得到的优化结果为局部最优解。这种现象可以通过所谓的“连续化方法”来避免。该方法是由 Rozvany、Zhou 和 Sigmund 提出的,它的基本思想是:在优化最开始时取惩罚因子 $p=1$,即不惩罚材料的单元相对密度,在随后的迭代过程中惩罚因子 p 的取值逐渐变大,以保证消除灰度单元,最终得到清晰的材料最优分布,通过这种方法求解得到的最优解比较接近优化问题的全局最优解。

1.3.4 连续体结构拓扑优化方法求解算法

连续体结构拓扑优化问题的常用求解方法有优化准则方法和数学规划方法,下面对这两种方法分别进行简单的介绍。

(1)优化准则方法

优化准则方法(optimality criteria,OC)是由 Prager 和 Taylor 以及 Prager 和 Shield 提出的,后来经 Venkayya 等人的研究发展,成为广泛使用的结构优化求解方法,Rozvany 的书中对于优化准则方法有着详细的论述。在优化问题中,目标函数最小化或最大化的必要条件为优化准则,这些优化准则可以通过变分方法或者力学中的极值原理来获得。优化准则方法依赖于严格的数学条件,如 KKT 条件(Karush-Kuhn-Tucker conditions)。优化准则方法能够应用于大规模的优化问题,且具有易于收敛、计算效率高等优点。但是在多目标、多约束的优化设计问题中,由于需要对每一约束条件推导出满足最优解的优化准则,相应的需要引入多个不同的拉格朗日乘子。这会给优化问题的求解带来困难,导致计算效率下降。此外,优化准则条件只是满足极值的必要条件而并非充要条件，因此所得到的最优解并不一定为全局最优解，或者无法使用优化准则方法得到最优解，这些问题都使优化准则方法在工程应用中受到限制。

(2)数学规划方法

数学规划方法(mathematical programming，MP)是最近数十年来广为流行的结构优化设计求解方法之一。对于给定的约束条件和目标函数，数学规划方法可以得到优化问题的最优解，并且可以适用于各种不同类型的目标函数和约束条件。早期数学规划方法仅限于双材料作动与减振结构的拓扑优化等线性优化问题的求解，即优化问题的约束条件和目标函数是设计变量的线性函数。随着计算方法的不断发展，后来又开发出了许多非线性的规划算法技术，从而使得数学规划方法可以应用于更为复杂的实际工程中，如非线性、多场耦合等优化问题的求解。虽然数学规划方法可以应用于许多结构优化设计求解，但随着设计变量和约束条件数量的增加，计算效率也会随之明显下降。目前数学规划方法中主要的优化算法有序列线性规划方法(sequential linear programming，SLP)、非线性规划方法(non-linear programming，NLP)、序列二次规划方法(sequential quadratic programming，SQP)、可行方向方法、梯度投影方法、惩罚函数方法、移动渐近线方法(method of moving asymptotes，MMA)等。此外，Arora 还研究了使用标准线性规划来解决非线性问题的近似技术。这里面，Svanberg 提出的移动渐近线方法已经针对结构拓扑优化问题给出了标准的子程序模块，只需要提供约束条件、灵敏度等信息即可得到优化问题的最优解。由于该方法方便快捷，计算效率高，因此被大多数优化设计研究人员和学者广为使用。本书的算例均是通过该方法对优化问题进行求解。

1.4 基于被动控制的结构动力学优化方法

1.4.1 结构动力学优化指标

早期的结构优化设计主要研究的是结构的静强度问题，但大量的工程经验表明，结构的重大事故往往与结构的动强度有关。据相关数据统计，由结构振动引起的飞机事故约占事故总数的40%。因此，对结构进行动力学优化设计显得至关重要。

结构动力学性能与静力学性能相比复杂很多，因此对于结构动力学性能的评价指标也有多种，主要包括结构固有频率、结构频率响应、结构瞬态动力响应、结构模态损耗因子、振动结构的声辐射性能等。

结构固有频率特性常常可以十分有效地控制结构其他各种形式的动力学性能。例如，在低频振动中，结构的动力学响应主要取决于结构的基频和一阶模态。对结构固有频率的设计和优化常被认为能够从普遍意义上提高结构整体的动力学性能，因此对结构固有频率优化的研究在结构动力学优化中开展最早，发展也最为全面。传统意义上的频率优化问题主要有两种：一种是考虑频率约束下的结构质量最小化问题；另一种是在指定结构质量约束下结构的基频或频率差最大化问题。在结构固有频率的优化问题中，结构特征值和特征向量的灵敏度分析十分重要，因此大量学者致力于这一问题的研究并且已经获得了比较完善的发展。

许多工程中的结构长期在某一特定的频率或频率范围内工作（如发动机转速恒定等），这就意味着在这一特定频率或频率带载荷下结构的力学性能是该结构最为关心的，因此在很多实际工程中优化结构指定频率下的响应显得十分重要。常见的结构动力响应包括结构的位移、加速度、速度或应力、应变等。结构频率响应可以是一个局部响应，如取结构某一个或几个指定位置的振幅作为目标函数或约束函数。也可以选取某种全局的动力性能作为结构频率响应的指标，如 Ma 等将静力学优化中的柔度概念引入到动力学优化中，并提出了“动柔度”的概念，这一概念目前在动力优化领域中已被广泛采用。

结构在受到外界冲击时容易发生破坏，因此提高结构在瞬态载荷下的动力性能显得十分重要，这也提出了对结构瞬态动力响应的优化需求。早期的结构瞬态动力响应优化问题源于动力吸振系统的最优设计。瞬态动力学优化问题的主要难点在于计算效率，结构瞬态响应的计算耗时远长于稳态响应，而灵敏度求解往往需要更多的计算时间。因此早期的动力优化问题经常借助模态叠加的方法对动力系统降阶，然而在灵敏度分析时却需要忽略模态对设计变量的导数（假设 $\mathrm{d}\Phi/\mathrm{d}x\approx0$），因此这类方法应用范围十分有限。于是，更多的学者致力于结构瞬态动力响应灵敏度的高效求解并提出了结构瞬态动力响应灵敏度的伴随变量法。随着计算机软硬件技术和瞬态动力学求解方法的发展，在许多情况下计算效率对结构瞬态动力响应优化来说已不再是一个瓶颈。

对于一个具有阻尼效应但不占主导作用的结构来说，利用模态应变能方法(modal strain energy method)所求得的模态损耗因子能够十分便捷地衡量一个结构吸收某种振动形式的能力,结构的第 k 阶模态损耗因子 φ_k 可以定义为 $\varphi_k = \boldsymbol{\Phi}^{\mathrm{T}} C\boldsymbol{\Phi} / \boldsymbol{\Phi}^{\mathrm{T}} K\boldsymbol{\Phi}$。模态损耗因子在约束阻尼层结构的优化问题中常常被选作目标函数。

振动结构的声辐射性能也是动力学优化中需要关心的指标,衡量结构声辐射性能的主要指标包括振动结构表面的声辐射功率(级)和指定声场位置的声压(级)或声强(级)。为了能够更高效地对结构声辐射性能进行优化,大量学者进行了振动结构-声学灵敏度分析的相关研究。

1.4.2 阻尼材料及其结构

随着材料学和加工工艺的不断发展进步,各种适用于不同工作环境的阻尼材料被研发制造出来。目前为止,阻尼材料可以大致分为四类:黏弹性阻尼材料、合金阻尼材料、复合阻尼材料以及智能阻尼材料。

黏弹性阻尼材料是目前应用较为广泛的阻尼材料之一。当材料受到外力作用时,它既有黏性流体的特性,又兼有弹性固体材料的特性。虽然黏弹性阻尼材料具有很高的阻尼性能,但是它的强度、刚度等力学性能并不高,因此无法直接作为结构的承载部分,只能附加在其他结构表面或者与其他材料复合才能发挥自身的高阻尼特性。此外,黏弹性阻尼材料的使用寿命较短,容易老化,而且它适用的温度范围有限,在高温或者低温工作环境下阻尼性能会变差。

合金阻尼材料是由高阻尼合金构成,由于其制造工艺简单,因此被广泛应用于军事和民用工业领域。合金阻尼材料的阻尼可以分为缺陷阻尼、热弹性阻尼、磁阻尼和黏性阻尼。其中热弹性阻尼、磁阻尼和黏性阻尼都是由外部环境引起的，而缺陷阻尼才是合金阻尼材料的主要阻尼部分。近年来，虽然合金阻尼材料已经有了长足发展，但与黏弹性阻尼材料相比，它的阻尼性能仍处于较低水平，能量损耗因子相差 10 倍以上，在许多要求高阻尼的领域都难以胜任。

复合阻尼材料按照基体材料的不同可分为聚合物基复合阻尼材料和金属基复合阻尼材料。复合阻尼材料的阻尼主要由基体和复合相材料的固有阻尼、材料之间的界面阻尼以及位错阻尼构成。大量研究表明，选取高阻尼性能的基体材料和复合相材料或者对材料界面进行高阻尼设计都可以提高复合阻尼材料的整体阻尼性能。

智能阻尼材料为近些年来发展出来的新型阻尼材料，它具有自感知、自适应的优异特性。由于材料的损耗因子可控，所以已经成为阻尼材料领域的热点研究方向之一。智能阻尼材料可分为压电阻尼材料和电流变流体材料两种。压电阻尼材料是将高分子聚合物材料与压电材料、导电材料进行复合制备而成的。电流变流体材料就是在绝缘介质构成的悬浮液中加入微小的固体极性颗粒组成的特殊流体材料。目前电流变流体材料已经在仪表、高速列车等领域的振动控制中有着良好的应用。

如今，阻尼材料已经广泛应用于航空航天飞行器、船舶、汽车以及微机电系统等领域中。通过在结构表面敷设高阻尼材料（表面阻尼处理技术）对结构的振动和噪声进行控制已经被认为是比较成熟并且行之有效的解决方法之一。结构发生振动时，机械能被阻尼材料转化为热能耗散掉，从而实现减振、降噪的目的。这种表面阻尼处理技术通常可分为自由阻尼技术和约束阻尼技术。

自由阻尼技术就是在需要进行减振处理的结构表面直接敷设一层阻尼很大的黏弹性阻尼材料，该层外表面为自由状态，该层被称为自由阻尼层。当结构受外加载荷作用发生振动时，自由阻尼层随着结构振动产生交变的周期纵向变形，黏弹性阻尼材料的纵向正应力和应变之间的相位差使机械能被耗散，从而起到减小结构振动的目的。

约束阻尼技术就是在结构表面敷设一层黏弹性阻尼材料后，再在该层上敷设一层刚度比较大的弹性材料层对黏弹性阻尼材料层进行约束，黏弹性阻尼材料层被称为约束阻尼层。当结构受到载荷作用产生振动时，由于约束阻尼层的存在，黏弹性阻尼材料层会产生较大的剪切应变，使结构机械能被消耗。当结构基体层和约束阻尼层采用同种材料并且层厚相等时，这两层互为约束阻尼层，这种结构被称为阻尼夹层结构。

1.4.3 减振结构优化设计

Niordson 在 1965 年利用解析的方法得到了基频最大化的简支梁截面最佳分布，这一工作被公认为是结构动力优化领域中的奠基之作，吸引了大批学者对这一问题的继续研究。Venkayya 等提出了受固有频率约束下的结构动力优化最优准则，并将这一准则设计方法用于结构动力优化之中。Zarghamee 首次将有限单元法与数学规划方法结合起来求解结构动基频最大化问题。Fox 和

Kapoor 考虑了固有频率、动位移和动应力多种约束的桁架质量最小化问题。林家浩详细地总结和分析了早期结构动力学优化的各种方法和成果。真正意义上的结构振动与噪声的优化设计方法源于 Olhoff 对振动梁结构的自由振动频率的形状优化的研究。随后,Olhoff 和 Bendsoe 等进一步考虑了两个连续固有频率之间带隙最大化的结构形状优化问题。

随着结构拓扑优化方法的出现,结构动力学优化进入了蓬勃发展的阶段。结构拓扑优化方法问世不久,Diaz 和 Kikuchi 就成功地将均匀化方法应用到平板结构单一频率优化之中。随后,又有许多学者继续研究了频率拓扑优化问题的多种形式(如最小化多个频率的加权函数作为目标函数等)。另外,Pedersen 则详细研究了结构频率优化中虚假局部模态的成因及解决办法。目前,结构频率拓扑优化是结构动力学拓扑优化发展较为完善的一支,主流的拓扑优化方法如均匀化方法、SIMP 方法、水平集方法、ESO 方法都已成功地应用于结构频率的拓扑优化之中。以简谐激励下振动结构的动柔度为目标函数的拓扑优化问题,自从被 Ma 等提出之后获得了广泛的关注,许多学者在研究中都采用了这一目标函数。近年来,简谐激励下振动结构的稳态响应问题得到了丰富的研究。其中,Yoon 对多种不同的模态减缩方法在稳态动力学拓扑优化中的性能进行了详细的比较和总结;Larsen 考虑以减小全局振动和最大化能量传递为目标的材料最优拓扑布局问题。杜建镔和 Olhoff 研究了减小简谐激励下的结构振动和声辐效应的强弱材料最优拓扑布局问题。Shu 等研究了用于减小简谐激励下结构动力学响应的水平集拓扑优化方法。

虽然阻尼材料已经广泛应用于许多工程领域中,但是对阻尼材料最优分布的研究却并不多见。Mohammed 研究了以最大化能量耗散为目标函数的阻尼材料最优布局问题,并利用逆均匀化方法设计最大化黏弹性阻尼材料的剪切应变能。Zheng 等利用遗传算法研究了以减小结构振幅为目标的圆柱壳表面矩形阻尼材料贴片的最优布局问题。Alveli 研究了以减小某一频率带内的振动程度为目标的结构表面附着阻尼材料层的位置和形状优化问题。Chia 等将元胞自动机算法引入到阻尼材料层的布局优化。郭中泽和陈裕泽等采用 ESO 方法,优化目标为模态损耗因子最大化,实现了给定阻尼材料用量约束下约束阻尼材料板的拓扑优化设计。韦勇使用 ESO 方法,以模态阻尼比最大为设计目标,研究了阻尼材料层的拓扑优化问题,并从能量损耗角度提出了一种快速的阻尼材料拓扑优化方法。Zheng 和 Xie 等将结构的模态阻尼比用模态应变能方法近似表示,以模态阻尼比之和最大化为目标,利用 SIMP 方法构建插值模型,采用 MMA 方法求解了约束阻尼层的材料最优分布问题。Kim 和 Mechefske 等采用 RAMP 方法构建插值模型,通过准则法对阻尼材料的拓扑分布进行优化。Takezawa 和 Daifuku 等以减小共振峰值响应为目标,提出一种新的目标函数用于阻尼材料的拓扑优化问题中。Chen 和 Liu 研究了以最大化模态损耗因子为目标的黏弹性材料微观结构拓扑优化问题。

结构拓扑优化理论的发展也为工程中的振动控制问题提供了更为有效的解决途径。荣见华等研究了随机激励下结构拓扑优化的 SQP 方法,杜建镔等对微结构的相关声学性能进行优化,朱继宏等对频率优化过程中结构的局部模态问题进行了研究分析,郑玲等研究了结构的模态阻尼比及相关的优化问题。振动结构优化研究还考虑了最小化结构质量,优化结构刚度以及基频和高阶频率等。在结构动力学性能拓扑优化研究中,大多数工作以结构稳态响应为优化目标。相比较而言,对于承受瞬态载荷的结构,优化其瞬态响应更符合实际设计要求,也更具有实际工程意义。Min 和 Kikuchi 等采用均匀化方法和直接积分法,对受冲击载荷作用下的薄壁结构进行分析和优化,Kang 和 Park 等的综述文章详细讨论了瞬态载荷激励下结构的拓扑优化问题。目前,国内外尚未见考虑结构瞬态响应的阻尼材料最优分布问题以及相应的灵敏度分析的研究。

1.5 基于主动控制的压电智能结构优化

1.5.1 压电材料

1880 年,居里兄弟通过水晶实验发现了正压电效应。正压电效应是指当外力加在压电材料上的时候,材料表面产生相应的电荷。正压电效应体现了材料将机械能转化为电能的能力。反之,逆压电效应则表示当对材料施加电压时,材料发生机械变形的现象。逆压电效应体现了材料将电能转化为机械能的能力。正压电效应和逆压电效应如图 1.5 所示。具有正、逆压电效应的材料称为压电材料。从微观角度来看,压电效应产生的微观机理是当对压电材料施加压力或拉力的时候,材料内部的正、负电荷发生移动,使得材料表面形成与外力成比例的电荷,如图 1.6 所示。

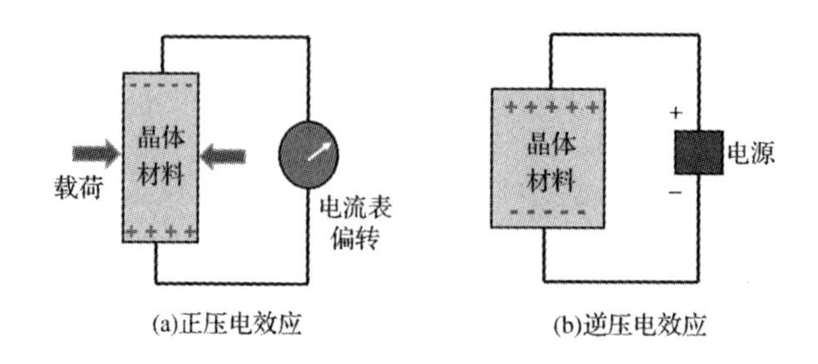

图 1.5 正压电效应和逆压电效应

Fig. 1.5 Positive piezoelectric effect and inverse piezoelectric effect

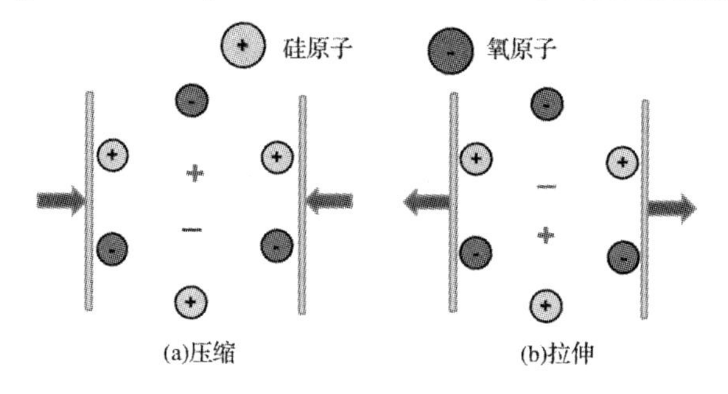

图 1.6 压电效应的微观机理

Fig. 1.6 Micromechanism of piezoelectric effect

自压电材料发现以来，科研工作者就一直致力于寻找和制备具有良好压电效应的压电材料。经过几十年的不断探索，1954 年，Jaffe 等发现了具有强压电性能的锆钛酸铅陶瓷（PZT）。1969 年，Kawai 发现了更适合用于膜结构的聚偏二氯乙烯（PVDF）压电聚合物材料，PVDF 材料虽然在压电性质上逊于 PZT 材料，但其具有化学性质稳定、易于成型以及柔性好的优点，因此 PVDF 材料是对 PZT 材料在应用中的一个良好补充。目前，PZT 材料和 PVDF 材料已经成为应用较为广泛的两种压电材料。

压电材料作为智能材料中具有优势的材料之一，已经广泛地应用于航空航天工程、机械加工与制造、生物医学工程、电子元器件加工等多个工程领域，在工程中，压电材料通常用压电作动器、压电传感器、压电换能器等。

随着近代科技的飞速发展，压电材料的制备技术不断进步，压电材料的性能也在不断提升。如今，压电材料已经成为智能材料家族中不可或缺的一员，使用压电材料制造的作动器、传感器和换能器等元件在航空航天、微机电系统、生物医学、机械工程等领域都有着广泛的应用，下面对这些应用分别进行介绍。

(1)压电作动器

压电作动器是利用压电材料的逆压电效应制备而成。结构在受到外加电场作用时，压电材料会将电能转化为机械能，从而产生相应的作动力和输出位移。与传统的机械作动器相比，压电作动器具有结构尺寸紧凑、作动精度高、响应速度快、噪音低以及耗能低等优势。压电作动器通常有晶片式结构和层叠式结构。晶片式结构是在结构表面黏附一层压电晶片材料，或者布置成双晶片形式，当受到外加电场作用时，压电晶片材料发生弯曲变形，从而形成输出位移。层叠式结构是性能相同的多层压电材料层叠加在一起，这种结构会产生比较大的输出位移。目前压电作动器主要应用于结构的主动控制领域，如形状控制、振动控制等。

(2)压电传感器

利用压电材料的正压电效应可以制造压电传感器。当结构受到外加载荷作用产生变形时，压电材料会将机械能转化为电能，在材料表面产生电荷，通过对电荷量的测定，可以确定结构所受载荷值的大小。早期的压电传感器由于无法解决电荷泄漏问题，因此双材料作动与减振结构的拓扑优化只能应用于动态测量问题。随着高阻抗电荷放大器的出现,压电材料产生的电荷能够保存下来,压电传感器也得以应用于静态测量问题。与其他传感器相比,压电传感器具有质量小、灵敏度高、功耗低、响应快、频域宽、结构简单等优点。压电传感器通常应用于系统参数监测(如玻璃破碎报警装置)以及结构损伤探测等领域。在国防和航空航天工程中,压电传感器被广泛应用于声呐探测、火箭发射台动力学分析、飞行器颤振实验、直升飞机水平旋翼反作用力测量等。

(3)压电换能器

压电换能器综合利用了压电材料的正、逆压电效应,从本质上可以将它看作压电作动器和压电传感器的结合。当有电场作用时,压电换能器会产生机械振动;当受到外加载荷作用产生振动时,压电换能器会输出电信号。通常的压电换能器为电声换能器,由发射声波的发射器和接收声波的接收器(如蜂鸣器、报警器等)组成。由于压电换能器具有结构简单、响应分析速度快、检测成本低等特点,在医学超声检查、食品卫生监督以及地震监测预报等领域有着广泛应用。

1.5.2 压电智能结构减振优化

压电材料因其变形精度高、反应速度快、易于制作成小型化元件已经被广泛应用于精密加工、精密驱动、振动控制等领域,然而压电材料本身输出应变小的特点却制约着其发展。因此,人们从材料和结构方面进行努力以提高压电元器件的性能。在材料方面,人们不断发展出压电复合材料、压电功能梯度材料等新型压电材料，扩展了压电材料的应用领域。在结构方面，通过设计特殊的压电智能结构来获得更好的压电作动效果，如手风琴形式的压电作动器能够获得更大的结构变形。然而对多数压电智能结构而言，通过改变压电材料的位置、大小、形状等参数则能更加直接、有效地提高压电智能结构的力学性能，这也激发了大量学者和工程师对压电智能结构优化的兴趣。

大量的实验和理论研究表明，改变压电作动器或压电传感器的个数、位置、拓扑等能够显著地提高压电智能结构的控制效果。早期，人们通过直接搜索方法或启发式方法寻找压电作动器和压电传感器的最佳位置和尺寸，获得了较好的效果。Onoda 和 Haftka 提出了同时优化结构作动器、结构整体刚度、控制系数等的联合优化方法。Bruant 等在利用遗传算法优化压电作动器和压电传感器最优布局时提出了多种不同的优化准则。

拓扑优化作为强大的优化工具，已经成功应用于压电材料的最优布局问题。Silva 等首先将拓扑优化方法引入压电材料布局优化之中，并提出以电力耦合系数(electromechanical coupling coefficient，EMCC)作为优化的目标函数，他们通过优化相连柔性结构的构型，达到放大压电作动元件的作动位移或者改变位移输出方向的目的。在此基础上，Silva 还提出了应用于压电马达的拓扑优化方法。Carbonari 等使用 SIMP 方法研究了最大位移输出为目标的压电材料的最优拓扑布局问题。Kogl 和 Silva 提出了同时惩罚压电性能和极化方向的压电智能结构拓扑优化方法。Buehler 等则采用均匀化方法研究了压电材料和基体材料联合优化问题。

拓扑优化方法如今已经广泛应用于压电智能结构设计中，通过对压电作动器的结构进行优化，可以提高它的作动性能，满足实际工程使用需求。李震基于互能原理构建柔性机构的拓扑优化模型，优化目标函数为互能和应变能比值，在此基础上设计了以压电陶瓷为作动元件的微夹钳，并通过实验测试对微夹钳设计的有效性进行了验证。这些研究都是假定压电作动器元件的拓扑分布已经确定，但这往往难以得到最优的设计结果。Maddisetty 许多研究致力于通过对压电智能结构进行优化实现结构的静变形控制。亢战和 Tong 提出了同时优化压电作动器布局和控制电压的结构静变形控制拓扑优化方法。Donoso 和 Sigmund 研究了以降低结构静变形为目的的压电作动器参数拓扑优化方法

对压电俘能器（压电智能结构能量采集）的拓扑优化研究是近年来的一个研究热点。Zheng 和 Gea 首先研究了静变形下压电俘能器中压电材料最优拓扑布局问题，并引起了许多学者的关注。Rupp 等研究了以输出电能最大为目标的多层板壳结构压电材料最优拓扑布局问题。Chen 等在压电俘能器最优压电材料布局问题研究中使用水平集拓扑优化方法，获得了边界光滑的最优压电材料拓扑布局。Wein 等在研究悬臂压电俘能器的拓扑优化中考虑了应力约束的影响，并给出了满足应力约束的压电结构拓扑优化设计。Lin 等研究了冲击载荷下压电俘能器表面压电材料层的最优拓扑布局问题。Noh 和 Yoon 在研究静力和简谐载荷下压电俘能器最优拓扑优化问题中，着重讨论了压电材料惩罚模型的惩罚系数选取问题。

在动力性能方面，压电智能结构的动力学拓扑优化问题也得到了广泛的研究。其中，Maddisetty 和 Frecker 研究了动力载荷

频率下以最大动位移输出为目标的内嵌压电智能材料柔性结构的最优拓扑布局问题。Ha 和 Cho 研究了以最大化压电谐振器固有频率的拓扑优化问题和相应的灵敏度分析。Trindade 研究了简谐载荷下以最小化结构振幅为目标的内嵌压电作动器和黏弹性阻尼贴片联合拓扑优化问题。Wein 等研究了在指定载荷频率下以结构共振响应最大化为目标的压电作动器最优拓扑布局问题。Donoso 和 Bellido 研究了动力载荷下压电作动器布局和极化方向的联合拓扑优化问题。

2 阻尼减振结构拓扑优化方法

如何减小动力载荷下结构的振动和噪声是工程中关心的一个重要问题。其中,在振动结构表面敷设阻尼材料层的方法被认为是减小结构振动和声辐射的一种有效方式。在振动结构表面敷设自由或约束阻尼层的方法已经在运载火箭、飞机、汽车、船舶、电子器件等领域得到了广泛的应用。例如,在汽车车厢内部常敷设阻尼条以减小汽车行驶中产生的振动和噪声。然而,对于大多数的工程实际应用特别是航空航天工程来说,对结构敷设满布的阻尼材料并不实际,这是因为满布阻尼材料既达不到理想的减振效果,也会给结构带来额外的附加质量。因此,为了达到更好的减振效果,迫切需要对结构表面敷设的阻尼材料布局进行优化。近年来,如何获得振动结构表面阻尼层最优布局的问题已经引起很多学者的关注,并已经开展了相关的研究:Zheng 和 Chia 利用遗传算法研究了以减小结构整体振幅为目标的阻尼材料贴片最优布局问题。Kim 等以模态损耗因子作为目标函数研究了圆柱壳结构表面敷设阻尼材料层的最优布局问题。另外,一些学者开展了承载结构最优拓扑布局问题的研究,在这些研究中,结构阻尼性质在优化过程中保持不变。其中，Larsen 等研究了以减小结构振幅和最大化能量传递为目标的承载结构最优拓扑布局问题。杜建镔和 Olhoff 研究以减小简谐激励下振动结构的振幅和声辐射功率为目标的承载结构双材料拓扑优化问题。在这些研究中，均采用了传统的比例阻尼模型。

然而，非均布阻尼结构一般具有非比例阻尼的特征，传统的模态叠加法并不能求解这类结构的动力学响应。对于非比例阻尼结构而言，其复数的特征值和特征向量将极大地加剧灵敏度分析的复杂程度，特别是当优化设计变量数量较大时，非比例阻尼结构动力响应的灵敏度分析将更加复杂，目前相应的高效灵敏度分析算法研究十分缺乏。而本章的主要工作正是致力于此。

本章主要针对表面敷设阻尼层的结构研究了两类拓扑优化问题。在第一类优化问题中，结构基体材料层布局保持不变，只优化敷设在结构表面的阻尼材料层的布局；在第二类优化问题中，对结构基体材料层和阻尼材料层的布局进行联合优化。在本章的研究中，首先给出了高效的非比例阻尼结构稳态响应的求解方法，进一步建立了相应的拓扑优化问题列式并给出了目标函数的灵敏度分析。通过数值算例验证所提方法的准确性，并讨论了影响拓扑优化结果的主要因素。

2.1 阻尼减振结构动力响应求解方法

2.1.1 结构振动控制方程

对于一个简谐激励下的振动系统，其控制方程可以表达为

$$\boldsymbol{M}\ddot{\boldsymbol{y}}(t)+\boldsymbol{C}\dot{\boldsymbol{y}}(t)+\boldsymbol{K}\boldsymbol{y}(t)=\boldsymbol{f}(t) \tag{2.1}$$

式中，$\boldsymbol{M}\in\boldsymbol{R}^{n\times n}$，$\boldsymbol{C}\in\boldsymbol{R}^{n\times n}$，$\boldsymbol{K}\in\boldsymbol{R}^{n\times n}$，分别为结构整体的质量矩阵、阻尼矩阵和刚度矩阵，这些矩阵均为实对称矩阵。$\boldsymbol{f}(t)=\boldsymbol{F}\mathrm{e}^{\mathrm{i}\theta t}$ 是外激励向量，其中 θ 为振动的角频率，$\boldsymbol{F}$ 为外激励幅值；$\boldsymbol{y}(t)\in\boldsymbol{R}^{n\times l}$，$\dot{\boldsymbol{y}}(t)\in\boldsymbol{R}^{n\times l}$，$\ddot{\boldsymbol{y}}(t)\in\boldsymbol{R}^{n\times l}$，分别为结构位移、速度和加速度向量；$n$ 为振动系统的总自由度数。

由于结构由基体层和阻尼层两部分构成，所以刚度矩阵 $\boldsymbol{M}$ 和质量矩阵 $\boldsymbol{K}$ 可以进一步写为

$$\boldsymbol{M}=\boldsymbol{M}^{\mathrm{b}}+\boldsymbol{M}^{\mathrm{d}} \tag{2.2}$$

$$\boldsymbol{K}=\boldsymbol{K}^{\mathrm{b}}+\boldsymbol{K}^{\mathrm{d}} \tag{2.3}$$

式中，上角标 b 表示基体材料层对刚度及质量矩阵的贡献；上角标 d 表示阻尼材料层对刚度及质量矩阵的贡献。对于阻尼矩阵 $\boldsymbol{C}$ 来说，由于基底材料对结构阻尼的贡献远远小于阻尼材料，所以基底材料对阻尼矩阵的贡献在本书中将被忽略，于是结构整体的阻尼矩阵可以进一步地表达为

$$\boldsymbol{C}=\boldsymbol{C}^{\mathrm{d}} \tag{2.4}$$

这里，假定阻尼材料具有比例阻尼的性质，但值得注意的是，此时结构整体的阻尼矩阵仍不满足 Caughey-O′ Kelly 准则，即结构整体的阻尼矩阵 $\boldsymbol{C}$ 无法写成质量矩阵 $\boldsymbol{M}$ 和刚度矩阵 $\boldsymbol{K}$ 的线性组合，因此整体动力系统依然是一个非比例阻尼系统。

由于结构的外加激励为简谐激励，因此结构的稳态位移响应可以设为

$$\boldsymbol{y}(t)=\boldsymbol{Y}\mathrm{e}^{\mathrm{i}\theta t} \tag{2.5}$$

式里，$\boldsymbol{Y}\in\boldsymbol{C}^{n\times l}$，为结构的复振幅。

将式(2.5)代入式(2.1)中,式(2.1)可以改写为

$$(-\theta^2\boldsymbol{M}+\mathrm{i}\theta\boldsymbol{C}+\boldsymbol{K})\boldsymbol{Y}=\boldsymbol{F} \tag{2.6}$$

或

$$\boldsymbol{W}\boldsymbol{Y}=\boldsymbol{F} \tag{2.7}$$

式中,$\boldsymbol{W}=-\theta^2\boldsymbol{M}+\mathrm{i}\theta\boldsymbol{C}+\boldsymbol{K}$,为结构的动刚度阵。

而结构的稳态振幅也可以表示为

$$A_j=\sqrt{(Y_j^{\mathrm{R}})^2+(Y_j^{\mathrm{I}})^2} \quad (j=1,2,\cdots,n) \tag{2.8}$$

式中,Y_j^{R} 和 Y_j^{I} 分别为振幅的实部和虚部。

对于一个大自由度系统,利用直接法求解振动方程式(2.1)的计算效率太低,因此许多学者致力于结构稳态响应的高效求解方法的研究。因为结构引入了附加阻尼材料,所以它不再满足经典比例阻尼条件,从而直接在物理空间内采用模态叠加的方法无法实现方程的解耦,因此本章引入了在状态空间下的复模态方法。

然而对于规模较大的问题,如果应用其全部复模态求解,由于其本身规模及引入较多复数运算,运算量显然是无法承受的。因此,在本章中采用先利用模态降阶技术将振动系统映射到一个减缩的模态空间,再利用复模态叠加法进行求解的稳态响应计算策略。

2.1.2　模态降阶方法

模态降阶方法的基本思想是将振动系统映射到一个减缩的模态空间。因此需要对位移响应引入一个线性变换,其表达式为

$$\boldsymbol{y}(t)=\boldsymbol{\Phi}\boldsymbol{u} \tag{2.9}$$

$$\boldsymbol{\Phi}=(\boldsymbol{\varphi}_1 \quad \boldsymbol{\varphi}_2 \quad \cdots \quad \boldsymbol{\varphi}_q) \quad (q\ll n) \tag{2.10}$$

式中,q 为计算中所考虑的特征向量数(截断阶数);$\boldsymbol{u}\in\boldsymbol{R}^q$ 为广义

位移向量;$\boldsymbol{\varphi}_1,\boldsymbol{\varphi}_2,\cdots,\boldsymbol{\varphi}_q$ 为无阻尼系统的前 q 阶实特征向量。特征向量 $\boldsymbol{\varphi}_j$ 可以通过求解原无阻尼系统特征值问题得到,即

$$\boldsymbol{\varphi}_j^{\mathrm{T}}(\boldsymbol{K}-\omega_j^2\boldsymbol{M})\boldsymbol{\varphi}_j=0 \quad (j=1,2,\cdots,q) \tag{2.11}$$

式(2.11)中的质量矩阵 $\boldsymbol{M}$ 需要满足归一化条件

$$\boldsymbol{\Phi}^{\mathrm{T}}\boldsymbol{M}\boldsymbol{\Phi}=\boldsymbol{I}_{q\times q} \tag{2.12}$$

在实际应用中,需要选择一个既能满足结构振动分析的精度要求,同时又能合理地控制计算量的截断阶数 q。

将式(2.9)代入式(2.6),在等式两端都左乘特征向量矩阵 $\boldsymbol{\Phi}^{\mathrm{T}}$,可以得到

$$\boldsymbol{M}^*\ddot{\boldsymbol{u}}+\boldsymbol{C}^*\dot{\boldsymbol{u}}+\boldsymbol{K}^*\boldsymbol{u}=\boldsymbol{f}^* \tag{2.13}$$

式中,$\boldsymbol{M}^*=\boldsymbol{I}_{q\times q}$;$\boldsymbol{C}^*=\boldsymbol{\Phi}^{\mathrm{T}}\boldsymbol{C}\boldsymbol{\Phi}$;$\boldsymbol{K}^*=\boldsymbol{\Phi}^{\mathrm{T}}\boldsymbol{K}\boldsymbol{\Phi}=\mathrm{diag}(\omega_1^2 \quad \omega_2^2 \quad \cdots \quad \omega_q^2)$;$\boldsymbol{f}^*=\boldsymbol{\Phi}^{\mathrm{T}}\boldsymbol{f}$。需要注意的是式(2.13)中的 $\boldsymbol{C}^*$ 仍然不是对角矩阵,即式(2.13)依然是一个未解耦的方程,因此本章引入状态空间下的复模态叠加法对该振动方程求解。

2.1.3 状态空间下的复模态叠加法

状态空间下的复模态叠加法被认为是求解非经典阻尼多自由度系统的一种有效方法。首先,引入一个 $2q$ 维的广义位移向量 $\boldsymbol{z}$,其定义为

$$\boldsymbol{z}=\begin{pmatrix}\boldsymbol{u}\\ \dot{\boldsymbol{u}}\end{pmatrix} \tag{2.14}$$

因此,结构振动方程式(2.13)可以写为

$$\boldsymbol{H}\dot{\boldsymbol{z}}(t)+\boldsymbol{G}\boldsymbol{z}(t)=\hat{\boldsymbol{f}}(t) \tag{2.15}$$

$$\boldsymbol{G}=\begin{pmatrix}\boldsymbol{K}^* & 0\\ 0 & -\boldsymbol{M}^*\end{pmatrix},\boldsymbol{H}=\begin{pmatrix}\boldsymbol{C}^* & \boldsymbol{M}^*\\ \boldsymbol{M}^* & 0\end{pmatrix},\hat{\boldsymbol{f}}(t)=\begin{pmatrix}\boldsymbol{f}^*\\ 0\end{pmatrix} \tag{2.16}$$

式中，$\boldsymbol{G}\in\boldsymbol{R}^{2q\times2q}$和 $\boldsymbol{H}\in\boldsymbol{R}^{2q\times2q}$均为实对称矩阵；$\hat{\boldsymbol{f}}(t)\in\boldsymbol{R}^{2q\times1}$为模态力向量。式(2.15)的广义特征值问题为

$$(\hat{\boldsymbol{\lambda}}\boldsymbol{H}+\boldsymbol{G})\hat{\boldsymbol{\Phi}}=0 \tag{2.17}$$

$$\hat{\boldsymbol{\lambda}}=(\hat{\lambda}_1\quad\hat{\lambda}_2\quad\cdots\quad\hat{\lambda}_{2q})^{\mathrm{T}},\hat{\boldsymbol{\Phi}}=(\hat{\boldsymbol{\varphi}}_1\quad\hat{\boldsymbol{\varphi}}_2\quad\cdots\quad\hat{\boldsymbol{\varphi}}_{2q}) \tag{2.18}$$

式中，$\hat{\lambda}_i$ 和 $\hat{\boldsymbol{\varphi}}_i(i=1,2,\cdots,2q)$分别为广义特征值问题式(2.15)的复特征值和复特征向量。

利用复模态叠加法，式(2.15)的解可以表示为

$$\boldsymbol{z}(t)=\hat{\boldsymbol{\Phi}}\boldsymbol{v}(t)=\sum_{k=1}^{2q}v_k\hat{\boldsymbol{\varphi}}_k \tag{2.19}$$

式中，$\boldsymbol{v}(t)=(v_1\quad v_2\quad\cdots\quad v_{2q})^{\mathrm{T}}$ 为状态空间下的广义位移。将式(2.19)代入式(2.15)并在式两端乘 $\boldsymbol{\Phi}^{\mathrm{T}}$，式(2.15)可以改写为

$$\hat{\boldsymbol{\varphi}}_k^{\mathrm{T}}\boldsymbol{H}\hat{\boldsymbol{\varphi}}_k\,\dot{v}_k+\hat{\boldsymbol{\varphi}}_k^{\mathrm{T}}\boldsymbol{G}\hat{\boldsymbol{\varphi}}_k\,v_k=\hat{\boldsymbol{\varphi}}_k^{\mathrm{T}}\hat{\boldsymbol{f}}(t) \tag{2.20}$$

或

$$\dot{v}_k-\hat{\lambda}_k v_k=\hat{f}_k^*(t)\quad(k=1,2,\cdots,2q) \tag{2.21}$$

式(2.21)中右端项为

$$\hat{f}_k^*(t)=\frac{\hat{\boldsymbol{\varphi}}_k^{\mathrm{T}}\boldsymbol{f}(t)}{\hat{\boldsymbol{\varphi}}_k^{\mathrm{T}}\boldsymbol{H}\hat{\boldsymbol{\varphi}}_k}\overset{\Delta}{=\!=}d_k\mathrm{e}^{\mathrm{i}\theta t} \tag{2.22}$$

而式(2.21)中的广义位移可以假设为

$$v_k=a_k\mathrm{e}^{\mathrm{i}\theta t} \tag{2.23}$$

将式(2.23)代入式(2.21)，可以得到

$$a_k=(-\hat{\lambda}_k+\mathrm{i}\theta)^{-1}d_k \tag{2.24}$$

将状态空间中的广义位移 $\boldsymbol{v}(t)=(v_1\quad v_2\quad\cdots\quad v_{2q})^{\mathrm{T}}$ 代入式(2.19)中可以得到缩减系统的状态向量 $\boldsymbol{z}(t)$。因此，可以通过式

(2.9)求出振动系统的稳态位移响应 $\boldsymbol{y}(t)$。进而，可以通过式(2.8)得到结构第 j 个自由度的振幅 A_j。虽然利用状态空间下的复模态叠加法能够求解非比例阻尼结构的稳态响应，但使用复模态叠加法需要对振动方程的维数扩大 2 倍，这对大自由度振动系统来说将带来巨大的额外计算量。因此，本书采用了先利对模态矩阵对原有振动方程降阶，再利用状态空间下的复模态叠加法进行稳态振动响应分析的方法。

2.2　振动结构阻尼材料布局的拓扑优化模型

2.2.1　拓扑优化列式

考虑如图 2.1 所示的结构阻尼材料布局优化问题，其中结构的基体材料层保持不变，希望找到在一定的阻尼材料用量的条件下，使指定位置的振幅最小的阻尼材料最优布局，其拓扑优化问题列式可以表示为

$$
\begin{aligned}
&\min_{\boldsymbol{\rho}} \quad f = \sum_{j=1}^{m} A_j^2 \\
&\text{s.t.} \quad (-\theta^2 \boldsymbol{M} + \mathrm{i}\theta \boldsymbol{C} + \boldsymbol{K})\boldsymbol{Y} = \boldsymbol{F} \\
&\qquad\ \ \sum_{e=1}^{N_e} \rho_e V_e^0 - f_{\mathrm{v}} \sum_{e=1}^{N_e} V_e^0 \leqslant 0 \\
&\qquad\ \ 0 < \rho_{\min} \leqslant \rho_e \leqslant 1 (e = 1, \cdots, N_e)
\end{aligned}
\tag{2.25}
$$

式中，$\boldsymbol{\rho} = \{\rho_1 \quad \rho_2 \quad \cdots \quad \rho_{N_e}\}^{\mathrm{T}}$ 为表征阻尼材料分布的材料相对密度向量，其中 N 表示设计域内的单元总数；m 为优化过程中所关心

的节点振幅 $A_j(j=1,2,\cdots,m)$ 的数量；f_v 为体积约束；V_e^0 表示当第 e 个单元由实心阻尼材料 $\rho_e=1$ 占据时阻尼材料的体积；设计变量下限 $\rho_{\min}$ 为一个很小的正数，本章选取为 0.001。

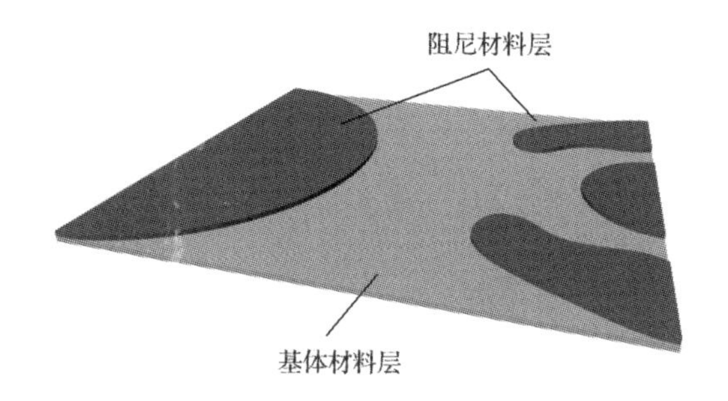

图 2.1 表面附有阻尼材料层的结构

Fig. 2.1 A structure with surface damping layer

基于 SIMP 方法的基本框架，结构阻尼层单元质量矩阵 $\boldsymbol{M}_e^{\mathrm{d}}$ 和刚度矩阵 $\boldsymbol{M}_e^{\mathrm{d}}$ 可以表示为

$$\boldsymbol{M}_e^{\mathrm{d}}=\rho_e\widetilde{\boldsymbol{M}}_e^{\mathrm{d}} \tag{2.26}$$

$$\boldsymbol{K}_e^{\mathrm{d}}=(\rho_e)^p\widetilde{\boldsymbol{K}}_e^{\mathrm{d}} \tag{2.27}$$

式中，$\widetilde{\boldsymbol{M}}_e^{\mathrm{d}}$ 和 $\widetilde{\boldsymbol{K}}_e^{\mathrm{d}}$ 分别为具有实心阻尼材料层的单元质量矩阵和刚度矩阵；$p>1$ 为单元刚度惩罚系数，在 SIMP 方法中，通常取为 3。结构整体质量矩阵和刚度矩阵可以进一步表达为

$$\boldsymbol{M}=\sum_{e=1}^{N_e}\boldsymbol{M}_e^{\mathrm{b}}+\rho_e\sum_{e=1}^{N_e}\widetilde{\boldsymbol{M}}_e^{\mathrm{d}} \tag{2.28}$$

$$\boldsymbol{K}=\sum_{e=1}^{N_e}\boldsymbol{K}_e^{\mathrm{b}}+\rho_e{}^p\sum_{e=1}^{N_e}\widetilde{\boldsymbol{K}}_e^{\mathrm{d}} \tag{2.29}$$

式中，$\boldsymbol{K}_e^{\mathrm{b}}$ 和 $\boldsymbol{M}_e^{\mathrm{b}}$ 分别为结构基体层的单元刚度矩阵和单元质量矩阵，并且它们在优化过程中始终保持不变。

2.2.2 带惩罚的人工阻尼材料模型

类似于 SIMP 材料插值模型，对于阻尼材料层，我们提出了一种人工阻尼惩罚模型。这种模型更有利于惩罚阻尼材料单元的中间密度，使其获得更清晰的拓扑结构，即

$$\boldsymbol{C}_e^{\mathrm{d}}=\alpha_0^{\mathrm{d}}\rho_e{}^{q_1}\widetilde{\boldsymbol{M}}_e^{\mathrm{d}}+\beta_0^{\mathrm{d}}\rho_e{}^{q_2}\widetilde{\boldsymbol{K}}_e^{\mathrm{d}} \tag{2.30}$$

式中，α_0^{d} 和 β_0^{d} 为单元完全填充阻尼材料（相对密度为 1）时材料的瑞利阻尼系数；惩罚因子 $q_1>1$，$q_2>1$，在本书中，根据数值算例经验，惩罚系数取为 $q_1=q_2=3$。利用单元阻尼矩阵进行组装即可得到结构整体阻尼矩阵。

2.2.3 灵敏度分析

拓扑优化问题式(2.25)需要利用基于梯度的数学规划方法进行求解，因此需要计算目标函数和约束函数对设计变量的灵敏度。灵敏度分析方法一般有直接求导法和伴随变量法两种。对于本书的问题来说，由于设计变量过多，利用直接求导法很难直接求得灵敏度，故采用伴随变量法。对于一个仅依赖于位移响应 $\boldsymbol{Y}$ 的结构响应 $g(\boldsymbol{Y})$，其目标函数可以通过引入两个拉格朗日乘子 $\boldsymbol{\mu}_1$ 和 $\boldsymbol{\mu}_2$ 改写为

$$g=g(\boldsymbol{Y})+\boldsymbol{\mu}_1^{\mathrm{T}}(\boldsymbol{W}\boldsymbol{Y}-\boldsymbol{F})+\boldsymbol{\mu}_2^{\mathrm{T}}(\overline{\boldsymbol{W}}\,\overline{\boldsymbol{Y}}-\overline{\boldsymbol{F}}) \tag{2.31}$$

式中，$\overline{\boldsymbol{W}}$ 和 $\overline{\boldsymbol{F}}$ 分别表示结构的动刚度阵 $\boldsymbol{W}$ 的共轭矩阵和载荷向量 $\boldsymbol{F}$ 的共轭向量。将式(2.31)对第 e 个设计变量求导，可得

$$\begin{aligned}\frac{\mathrm{d}g}{\mathrm{d}\rho_e}=&\boldsymbol{\mu}_1^{\mathrm{T}}\frac{\partial\boldsymbol{W}}{\partial\rho_e}\boldsymbol{Y}+\boldsymbol{\mu}_2^{\mathrm{T}}\frac{\partial\overline{\boldsymbol{W}}}{\partial\rho_e}\overline{\boldsymbol{Y}}+\frac{\partial\boldsymbol{Y}^{\mathrm{R}}}{\partial\rho_e}\left(\frac{\partial g}{\partial\boldsymbol{Y}^{\mathrm{R}}}+\boldsymbol{\mu}_1^{\mathrm{T}}\boldsymbol{W}+\boldsymbol{\mu}_2^{\mathrm{T}}\overline{\boldsymbol{W}}\right)+\\&\frac{\partial\boldsymbol{Y}^{\mathrm{I}}}{\partial\rho_e}\left(\frac{\partial g}{\partial\boldsymbol{Y}^{\mathrm{I}}}+\mathrm{i}\boldsymbol{\mu}_1^{\mathrm{T}}\boldsymbol{W}-\mathrm{i}\boldsymbol{\mu}_2^{\mathrm{T}}\overline{\boldsymbol{W}}\right)\end{aligned} \tag{2.32}$$

令伴随向量满足下面的方程，即

$$\boldsymbol{\mu}_1^{\mathrm{T}}\boldsymbol{W}=\frac{1}{2}\left(-\frac{\partial g}{\partial \boldsymbol{Y}^{\mathrm{R}}}+\mathrm{i}\frac{\partial g}{\partial \boldsymbol{Y}^{\mathrm{I}}}\right) \tag{2.33}$$

$$\boldsymbol{\mu}_2^{\mathrm{T}}\overline{\boldsymbol{W}}=\frac{1}{2}\left(-\frac{\partial g}{\partial \boldsymbol{Y}^{\mathrm{R}}}-\mathrm{i}\frac{\partial g}{\partial \boldsymbol{Y}^{\mathrm{I}}}\right) \tag{2.34}$$

通过比较式(2.33)和式(2.34)可以发现 $\boldsymbol{\mu}_1=\overline{\boldsymbol{\mu}}_2$。因此只需求解上面两个方程中的一个即可确定(2.32)中的伴随向量。因此，式(2.32)可以改写为

$$\begin{aligned}\frac{\mathrm{d}g}{\mathrm{d}\rho_e}&=2\mathrm{Re}\left(\boldsymbol{\mu}_1^{\mathrm{T}}\frac{\partial \boldsymbol{W}}{\partial \rho_e}\boldsymbol{Y}\right)\\&=2\mathrm{Re}\left[\boldsymbol{\mu}_1^{\mathrm{T}}\left(-\theta^2\frac{\partial \boldsymbol{M}}{\partial \rho_e}+\mathrm{i}\theta\frac{\partial \boldsymbol{C}}{\partial \rho_e}+\frac{\partial \boldsymbol{K}}{\partial \rho_e}\right)\boldsymbol{Y}\right]\end{aligned} \tag{2.35}$$

式中，结构整体质量矩阵、刚度矩阵和阻尼矩阵对设计变量的导数可以由单元级的质量、刚度、阻尼矩阵对设计变量求导获得，其表达式为

$$\frac{\partial \boldsymbol{M}_e}{\partial \rho_e}=\widetilde{\boldsymbol{M}}_e^{\mathrm{d}} \tag{2.36}$$

$$\frac{\partial \boldsymbol{K}_e}{\partial \rho_e}=m_1\rho_e^{(m_1-1)}\widetilde{\boldsymbol{K}}_e^{\mathrm{d}} \tag{2.37}$$

$$\frac{\partial \boldsymbol{C}_e}{\partial \rho_e}=m_1\rho_e^{(m_1-1)}\widetilde{\boldsymbol{K}}_e^{\mathrm{d}}+m_2\rho_e^{(m_2-1)}\widetilde{\boldsymbol{M}}_e^{\mathrm{d}} \tag{2.38}$$

至此，结构响应对单元相对密度的灵敏度表达式已经给出，只需针对不同的目标函数求出其拉格朗日乘子即可。以目标函数取为振幅 A_j(第 j 个自由度)为例，令 $\boldsymbol{p}_0=(0\quad 0\quad \cdots\quad 1\quad 0\quad \cdots\quad 0)^{\mathrm{T}}\in R^{n\times 1}$(第 j 个自由度为 1，其余位置为 0)，可以得到

$$\frac{\partial A_j}{\partial \boldsymbol{Y}^{\mathrm{R}}}=\frac{\partial\sqrt{(Y_j^{\mathrm{R}})^2+(Y_j^{\mathrm{I}})^2}}{\partial \boldsymbol{Y}^{\mathrm{R}}}=\frac{\partial\sqrt{(Y_j^{\mathrm{R}})^2+(Y_j^{\mathrm{I}})^2}}{\partial Y_j^{\mathrm{R}}}\boldsymbol{p}_0 =\frac{Y_j^{\mathrm{R}}}{A_j}\boldsymbol{p}_0 \tag{2.39}$$

$$\frac{\partial A_j}{\partial \boldsymbol{Y}^{\mathrm{I}}}=\frac{\partial\sqrt{(Y_j^{\mathrm{R}})^2+(Y_j^{\mathrm{I}})^2}}{\partial \boldsymbol{Y}^{\mathrm{I}}}=\frac{\partial\sqrt{(Y_j^{\mathrm{R}})^2+(Y_j^{\mathrm{I}})^2}}{\partial Y_j^{\mathrm{I}}}\boldsymbol{p}_0 =\frac{Y_j^{\mathrm{I}}}{A_j}\boldsymbol{p}_0 \tag{2.40}$$

将式(2.39)和式(2.40)代入式(2.33)，则式(2.33)可以改写为

$$\boldsymbol{\mu}_1^{\mathrm{T}}\boldsymbol{W}=\frac{1}{2A_j}(-Y_j^{\mathrm{R}}+\mathrm{i}Y_j^{\mathrm{I}})\boldsymbol{p}_0=-\frac{\overline{Y}_j}{2A_j}\boldsymbol{p}_0 \tag{2.41}$$

求解式(2.41)便可以得到伴随向量 $\boldsymbol{\mu}_1$，进而响应函数 g 对设计变量的导数可由式(2.35)求得。

显然灵敏度求解的精确程度依赖于截断阶数 q 的选取。一般地，相比于结构振动响应，灵敏度分析则需要多阶的特征向量以确保其准确性，这是因为动力学响应对单元的灵敏度与结构振动频率响应相比具有更多的局部特征。因此在选取截断阶数 q 时，要综合考虑结构响应、灵敏度以及计算效率之间的关系，对于截断阶数 q 具体数值的选取，将在算例部分详细讨论。

2.2.4 优化流程

本章使用移动渐近线方法(MMA)求解优化问题式(2.25)，优化程序实施的流程如图 2.2 所示。首先，在优化初始步设计变量 $\rho_e(e=1,2,\cdots,N_e)$被设置为均一的初始值。其次，通过求解无阻尼

系统特征值问题式(2.11)得到无阻尼系统的前 q 阶特征模态。这里,必须选取一个恰当的 q 值以兼顾灵敏度分析精度和计算效率。随后,利用所求的特征模态将原有的振动系统降阶,并在减缩空间下使用状态空间的复模态叠加法对降阶的振动系统求解。进而,计算响应对设计变量的灵敏度信息,并将结构的响应和灵敏度信息输入 MMA 优化求解器对设计变量更新。优化程序将反复迭代,直至两次迭代目标函数差值 $\|(f_{\text{new}}-f_{\text{old}})/f_{\text{old}}\|$ 小于一个指定的小值,则认为优化程序收敛。

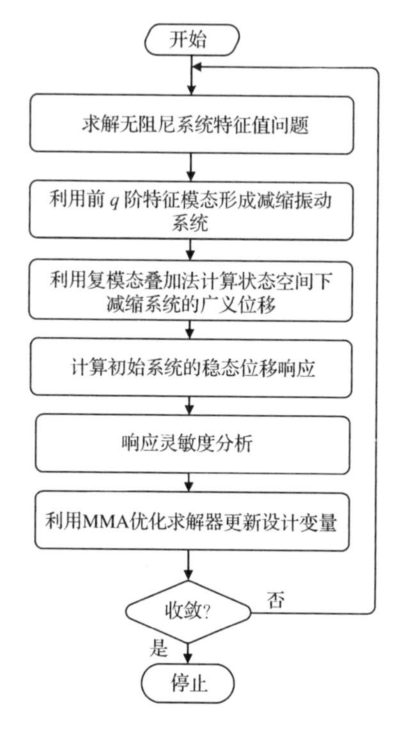

图 2.2 优化迭代流程

Fig. 2.2 Flowchart of the iterative solution procedure

2.2.5 优化算例

在本章中，考虑 3 个不同的算例以说明所提方法在灵敏度分析和优化设计中的有效性。在对振动结构离散时，使用 4 节点 Mindlin 壳单元。因为阻尼材料层与基体材料层的杨氏模量相差若干数量级，所以由于阻尼材料层不均匀而产生的结构偏心效应忽略不计。在优化迭代过程中，若两次迭代之间目标函数之间的差 $\|(f_{\mathrm{new}}-f_{\mathrm{old}})/f_{\mathrm{old}}\|$ 小于 0.000 5，即认为优化收敛停止迭代。

(1)悬臂方板阻尼材料布局的拓扑优化算例

首先以如图 2.3 所示的悬臂方板结构为例。悬臂方板分两层：下层基体材料层的几何尺寸为 3 m×3 m× 0.02 m，其弹性模量为 6.9×10^{10} Pa，泊松比为 0.3，密度为 2 700 kg/m^3；上层阻尼材料层的几何尺寸为 3 m×3 m×0.02 m，其弹性模量为 2.2×10^{6} Pa，泊松比为 0.49，密度为 920 kg/m^3。在自由端中点 I 处施加一个简谐集中载荷 $f(t)=F\mathrm{e}^{\mathrm{i}\theta t}$，其中 $F=10^5$ N，$\theta=2\pi f_{\mathrm{p}}$，载荷频率 $f_{\mathrm{p}}=$ 30 Hz。阻尼材料层的阻尼系数指定为 $\alpha_0^{\mathrm{d}}=0.5$，$\beta_0^{\mathrm{d}}=1.0$。

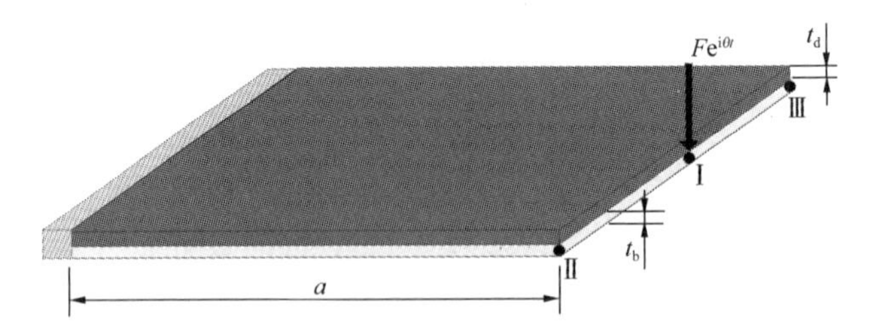

图 2.3 一端固支、另一端中点施加简谐激励的悬臂方板结构

Fig. 2.3 A cantilever square plate with a time-harmonic load applied at the mid-point of the free edge

①振动响应及灵敏度分析计算验证

为了验证所提方法在振动响应和灵敏度分析中的有效性，本书首先选取两个指定点 A_{I} 和 A_{II}（图 2.3 中的Ⅰ点和Ⅱ点）计算其振幅响应，并计算加载点振幅对设计变量的灵敏度$\partial A_{\mathrm{I}}/\partial\rho_e$（$e=1,2,\cdots,400$）。在这里，将结构划分为比较稀疏的 400 个大小均一的正方形壳单元（20×20）网格，如图 2.4 所示。

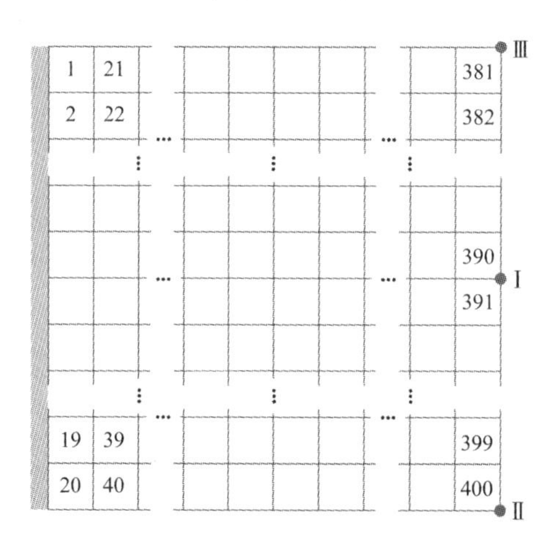

图 2.4　有限单元网格及单元编号

Fig. 2.4　Finite element mesh and element numbers

在初始设计中，全部阻尼材料单元的相对密度设为 0.5。在响应和灵敏度分析中，考虑不同的截断阶数 q（$q=15,20,40$），在不同 q 值下Ⅰ点和Ⅱ点的振幅比较见表 2.1。另外，Ⅰ点振幅对设计变量的灵敏度$\partial A_{\mathrm{I}}/\partial\rho_e$（$e=1,2,\cdots,400$）如图 2.5 和图 2.6 所示，同时，截断阶数为 $q=40$、摄动值为 0.001 的有限差分法结果同样在图 2.5 中给出。从图 2.5 中可以看出，当截断阶数取为 $q=40$ 时，本书所提方法灵敏度计算结果和有限差分法比较十分接近。为了更直观地比较，沿方板中线的 3 个等距单元（单元编号 150、210、

270）的灵敏度在表 2.2 中给出。通过比较表 2.1 和表 2.2 可以发现，振幅响应和灵敏度的计算准确程度均随所取的特征模态阶数的增加而更加精确。当所取的截断阶数相对较小（如 $q=15$）时，虽然振幅响应依然可以满足一定的精度，但是灵敏度分析的截断误差已经很大，这也说明了在灵敏度分析时需要考虑更多的模态，才能保证灵敏度计算的准确性。另外，不同截断阶数 q 下，利用本书方法和有限差分法的计算时间在表 2.3 中给出，结果表明在不同截断阶数下本书所提方法与有限差分法相比都有显著的计算效率优势。

表 2.1　　不同 q 值下 Ⅰ 点和 Ⅱ 点的振幅比较

Tab. 2.1　Comparison of amplitudes of point Ⅰ and point Ⅱ with different q

q	A_{I}/m	A_{II}/m
40	0.194 2	0.275 2
20	0.201 7	0.279 0
15	0.213 7	0.272 9

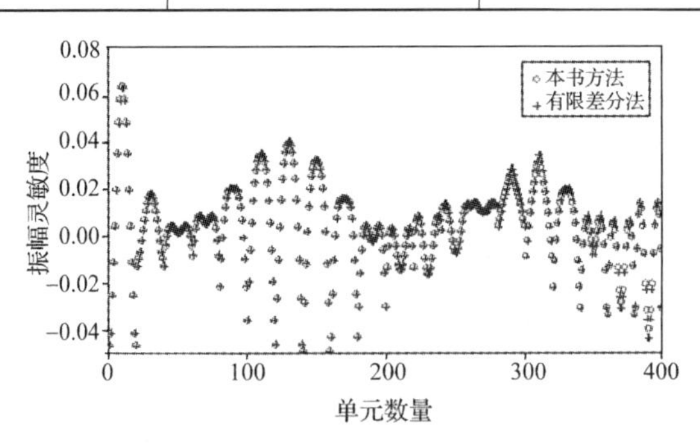

图 2.5　灵敏度分析结果比较（$q=40$）

Fig. 2.5　Comparison of sensitivity analysis results of amplitude at point Ⅰ($q=40$)

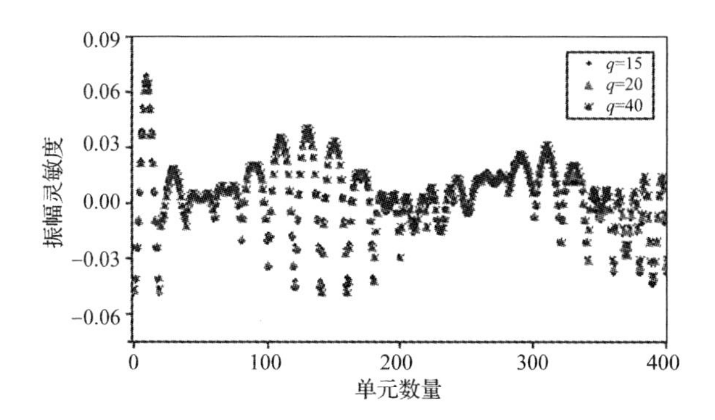

图 2.6 不同 q 值下灵敏度分析结果比较

Fig. 2.6 Comparison of sensitivities of point Ⅰ with different q

表 2.2 不同截断阶数下本书方法与差分法灵敏度结果比较

Tab. 2.2 The sensitivity of the loading point with respect to the element relative density and the difference ratio between present method and FDM method

	单元 150		单元 210		单元 270	
	灵敏度	相差	灵敏度	相差	灵敏度	相差
有限差分法(q=40)	0.032 278	—	−0.014 256	—	0.010 435	—
本书方法(q=40)	0.032 470	0.59%	−0.014 626	2.60%	0.009 821	5.84%
本书方法(q=20)	0.030 503	5.50%	−0.015 690	10.06%	0.012 546	20.23%
本书方法(q=15)	0.028 292	12.35%	−0.016 889	18.47%	0.011 576	10.93%

表 2.3 不同方法计算灵敏度时间比较

Tab. 2.3 Comparison of computing time for design sensitivity analysis of amplitude at loading point

截断阶数 q	15	20	40
本书方法/s	0.637	0.678	0.741
有限差分法/s	128.003	136.341	179.505

②一端固支方板阻尼材料布局的拓扑优化

下面考虑上述方板的拓扑优化问题，将结构划分为(60×60)的 4 节点壳单元网格。阻尼材料的体积约束取为 f_v=0.5，而阻尼材料层的单元密度在初始设计中均取为 $\rho_e = 0.5(e = 1, 2, \cdots, 3600)$。结构总自由度数为 $n = 18\ 605$，在计算中考虑前 40 阶特征向量($q = 40$)。优化的目标函数取为减小结构自由端中点和两个角点(图 2.3 中的Ⅰ点、Ⅱ点、Ⅲ点)的振幅的平方和。优化过程中使用过滤半径为 $r_{\min} = 0.1$ m 的灵敏度过滤技术以抑制优化过程中可能出现的棋盘格式和网格依赖性问题。优化过程在迭代 30 步后收敛并得到最优解，其迭代历史如图 2.7 所指示，可以发现优化的目标函数稳定地从初始设计中的 0.235 6 m^2 减小到优化设计中的 0.031 4 m^2。图 2.8(a)和图 2.8(b)分别为初始设计和优化设计中阻尼材料密度的灰度图。初始设计和优化设计的阻尼材料布局以及结构振幅云图分别如图 2.8(c)～图 2.8(f)所示。从图 2.8 中可以看出目标点结构振幅明显减小的同时，结构整体的振幅也有明显下降。

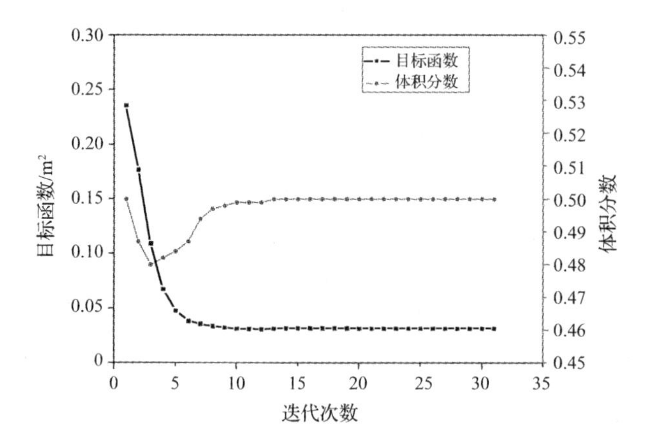

图 2.7　目标函数和约束函数(体积分数)的迭代历史

Fig. 2.7　Iteration histories of objective function value and volume fraction ratio

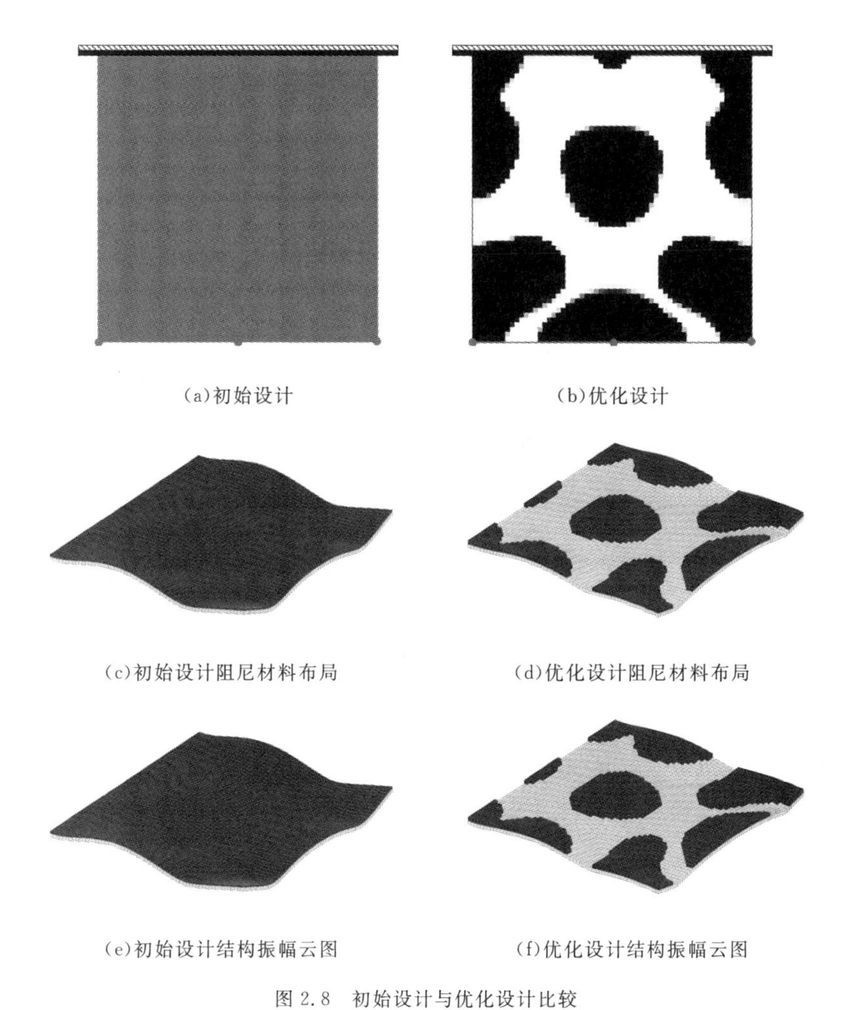

图 2.8 初始设计与优化设计比较

Fig. 2.8 Comparison of initial design and final topology optimization results

(2)四边简支方板阻尼材料布局的拓扑优化算例

在这一节,考虑不同载荷频率和阻尼系数对四边简支方板的阻尼材料层拓扑优化结果的影响。本例中,结构几何尺寸和材料属性均与前一算例相同。方板四边简支并在其中心点受到一个简

谐激励 $F(t)=Fe^{i\omega t}$，幅值为 $F=10^5$ N，如图 2.9 所示。设计域划分为(60×60)个单元，共有 $n=18\ 605$ 个自由度。优化过程中共考虑前 40 阶模态，体积约束 $f_v=0.5$，目标函数取为加载点振幅的平方。

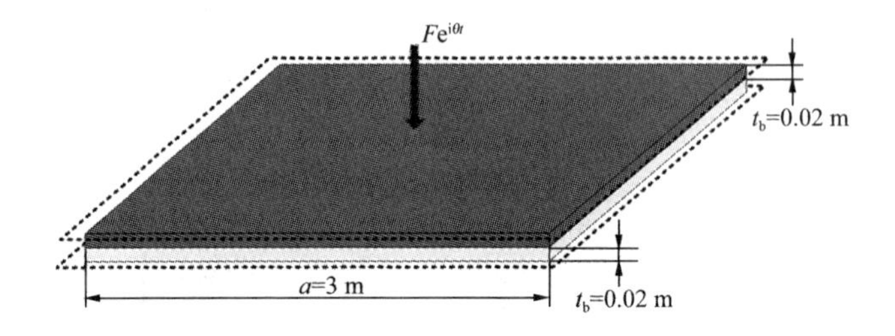

图 2.9　中心加载的四边简支方板

Fig. 2.9　A simply supported square plate subjected to a point harmonic load at its center

①载荷频率对拓扑优化结果的影响

考虑 9 种不同的载荷频率 $f_p=0.5$ Hz，1 Hz，15 Hz，30 Hz，60 Hz，90 Hz，150 Hz，200 Hz，300 Hz。阻尼材料的阻尼系数取为 $\alpha_0^d=0.5$，$\beta_0^d=0.001$。不同载荷频率下的优化结果如图 2.10 所示。可以发现，结构阻尼材料的最优布局随结构载荷频率上升变得更加复杂，这与杜建镔与 Olhoff 的工作中所得的结果相似。这一现象可以解释为当外激励载荷频率较大时，会激起更多的高阶局部模态，为了抑制这些局部模态，阻尼材料布局将变得更加复杂。另外，需要说明的是，加密或减少有限单元网格将影响最优拓扑结果展现局部拓扑形状的能力(优化结果的细节特征)，但并不会影响结构整体优化结果的趋势。

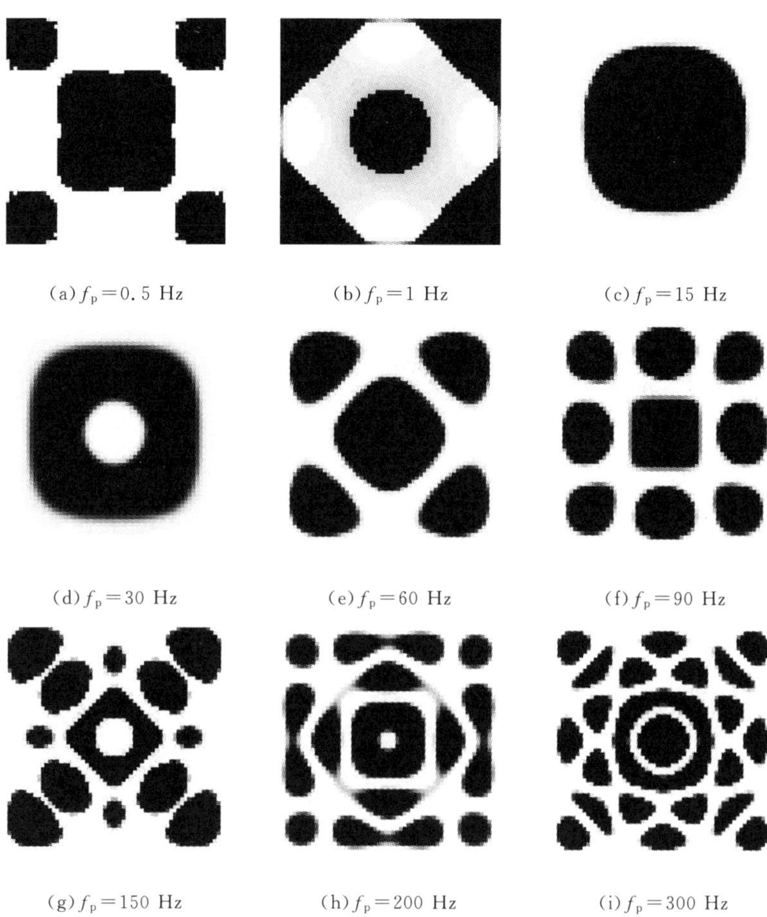

(a) $f_p=0.5$ Hz (b) $f_p=1$ Hz (c) $f_p=15$ Hz

(d) $f_p=30$ Hz (e) $f_p=60$ Hz (f) $f_p=90$ Hz

(g) $f_p=150$ Hz (h) $f_p=200$ Hz (i) $f_p=300$ Hz

图 2.10 不同载荷频率下的优化结果

Fig. 2.10 Optimization results with different values of prescribed loading frequencies

②阻尼材料系数对拓扑优化结果的影响

下面将结构的外激励频率固定为 $f_p=60$ Hz，并考虑不同的阻尼系数 β_0^d（$\beta_0^d=0.001,1,5,10,15,200$）对优化解的影响，不同阻尼系数下的优化结果如图 2.11 所示。可以发现，当阻尼系数变化时，结构阻尼材料最优解随之发生明显的变化。图 2.11(f) 中的阻尼材料布局与 Mindlin 板静力加载下承载结构的最优布局十分相似。从式(2.30)可以发现，结构阻尼特性同时依赖于结构的刚度和质量的分布。特别地，当阻尼系数 β_0^d 不断增大时，阻尼材料的刚度贡献逐渐成为影响拓扑优化结果的最主要因素。这也可以解释当阻尼系数 β_0^d 很大时阻尼材料优化结果趋近于结构静刚度拓扑优化结果的现象。

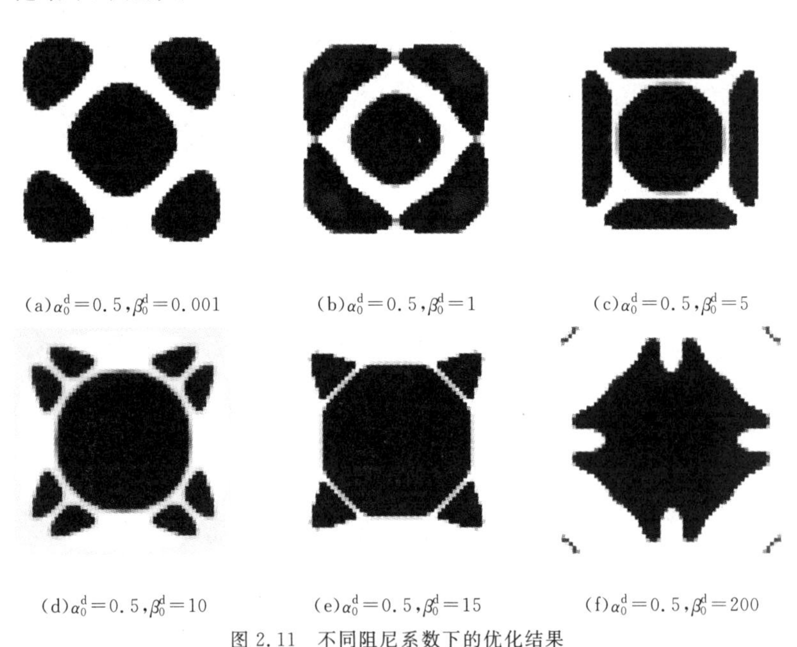

(a)$\alpha_0^d=0.5,\beta_0^d=0.001$　(b)$\alpha_0^d=0.5,\beta_0^d=1$　(c)$\alpha_0^d=0.5,\beta_0^d=5$

(d)$\alpha_0^d=0.5,\beta_0^d=10$　(e)$\alpha_0^d=0.5,\beta_0^d=15$　(f)$\alpha_0^d=0.5,\beta_0^d=200$

图 2.11　不同阻尼系数下的优化结果

Fig. 2.11　Optimization results under different damping coefficients

(3)载荷适配器阻尼材料布局的拓扑优化算例

在运载火箭系统中，载荷适配器在运载火箭和外加载荷之间提供了一个缓冲界面。在实际工程中，载荷适配器常被用作减小火箭箭身和卫星之间振动的能量吸收器。在本节算例中，考虑载荷适配器表面敷设阻尼层的最优布局问题。载荷适配器由一个圆锥台段和圆柱段组成，如图 2.12 所示。圆锥台壳的顶部和底部直径分别为 1 m 和 2 m，圆锥台段和圆柱段的高度分别为 0.8 m 和 0.2 m，基体材料层和阻尼材料层的厚度分别 0.005 m 和0.005 m。基体材料层的材料属性为 $E^{b}=6.9\times10^{10}$ N/m^2，$v^{b}=0.3$，$\rho^{b}=2\ 700$ kg/m^3，而阻尼材料层的材料属性为 $E^{d}=2.2\times10^{3}$ N/m^2，$v^{d}=0.49$，$\rho^{d}=980$ kg/m^3。阻尼材料层的阻尼系数为 $\alpha_0^{d}=0.5$，$\beta_0^{d}=1.0$。圆柱底部边界为固支边界，4 个简谐集中载荷等距地加载在圆锥壳顶端的纵向，其幅值为 $F=10^6$ N，载荷频率为 $f_{p}=500$ Hz。整体结构被划分为(35×80)个 4 节点 Mindlin 有限元，共计 $n=17\ 280$ 个自由度。底部圆环部分为非设计域，即底部圆环部分在优化过程中始终保持为布满阻尼材料。设计域体积约束为 $f_{v}=0.5$，在振动响应和灵敏度分析中考虑结构的前 40 阶固有频率和模态($q=40$)。优化问题的目标函数取为 4 个加载点的纵向振幅的平方和。

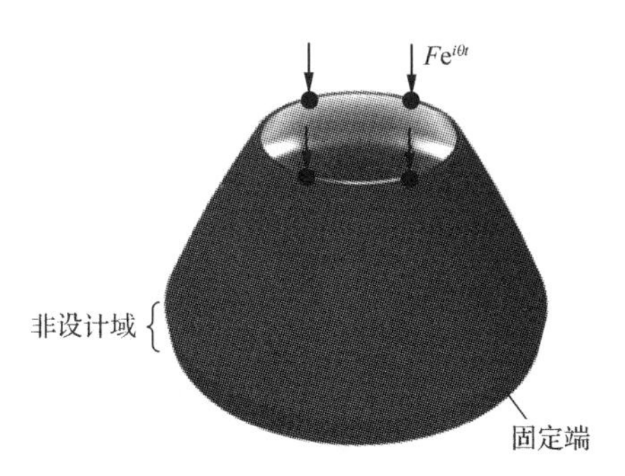

图 2.12　简谐载荷下载荷适配器

Fig. 2.12　Payload adapter subjected to harmonic concentrated forces

优化过程在 32 次迭代后收敛，图 2.13 为迭代历史，从迭代历史中可以看出，在优化过程中目标函数值稳定减小，目标函数从初始设计的 0.004 4 m^2 减小到优化设计的 0.001 2 m^2。优化设计阻尼材料布局和结构振幅云图分别如图 2.14 和图 2.15 所示。可以发现阻尼材料主要分布在结构主要传力路径上。在优化过程中，并没有使用设计变量对称技术，但可以发现结构的最优解仍然十分对称，这主要依赖于结构响应分析和灵敏度分析的准确性，同时也从另一个方面说明了本书所提优化方法的有效性。

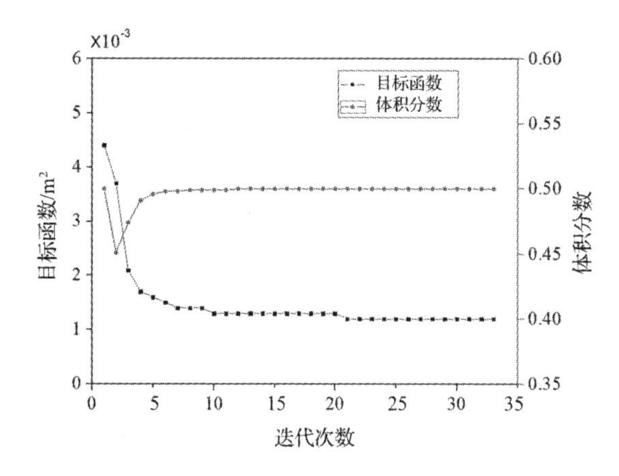

图 2.13　目标函数和体积分数的迭代历史

Fig. 2.13　Iteration histories of objective function value and volume fraction ratio

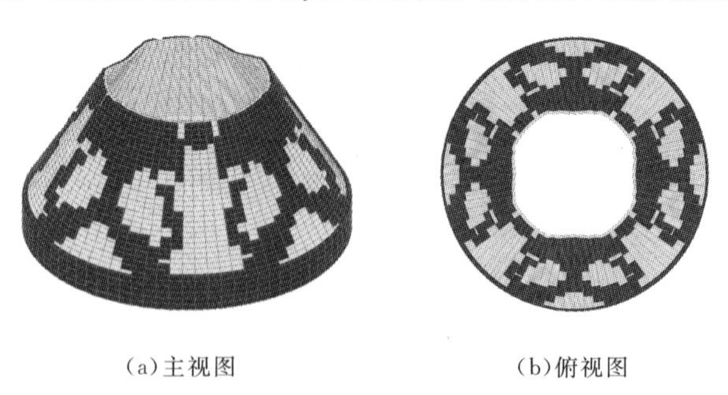

(a)主视图　　(b)俯视图

图 2.14　优化设计阻尼材料布局

Fig. 2.14　Optimal distribution of damping material

(a)主视图

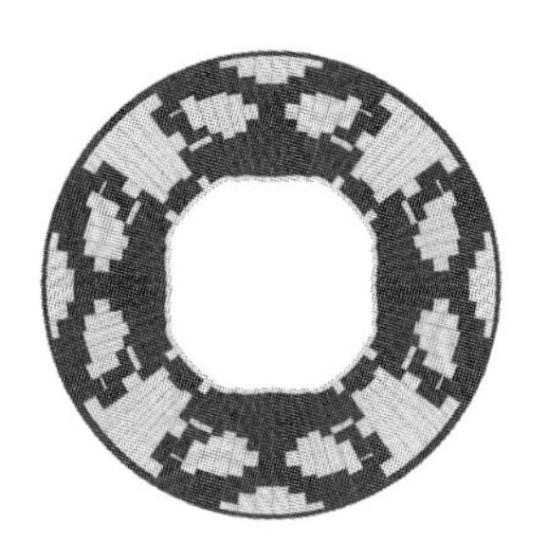

(b)俯视图

图 2.15 优化设计结构振幅云图

Fig. 2.15 Vibration amplitude contour for the optimal solution

2.3 振动结构基体与阻尼材料层联合拓扑优化方法

2.3.1 联合优化问题

2.2 节主要讨论了在结构基体材料层布局保持不变的情况下，阻尼材料层的最优布局问题，结果表明改变结构表面的阻尼材料布局能够显著地改善指定载荷频率下的结构动力学性能。显然，如果结构的基体材料层与阻尼材料层联合优化可以更大程度上提高结构动力学性能。因此，在本节中考虑以降低简谐激励下结构振动为目标的结构基体材料层和阻尼材料层联合优化问题。为了方便在实际工程中的应用，指定结构基体材料层和阻尼材料层拥有相同的拓扑结构，如图 2.16 所示。对于这一问题，由于基体材料层的阻尼效应远小于阻尼材料层因而可以忽略，假定阻尼材料层的阻尼效应符合瑞利阻尼模型。值得注意的是，结构整体仍然呈现非比例阻尼特性，因此依然采用 2.2 节所述的非比例阻尼结构的频率响应的求解方法。

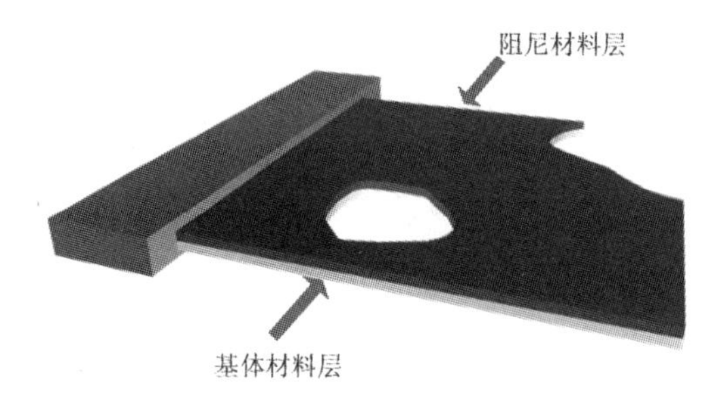

图 2.16 结构基体材料层与阻尼材料层联合优化

Fig. 2.16 Integrated topology optimization of the main load-bearing structure and the attached damping material layer

2.3.2 联合拓扑优化模型

如图 2.16 所示，考虑的是结构基体材料层与阻尼材料层相关联的构型，即结构基体材料层与阻尼材料层具有相同的分布，因此只需引入一个设计变量向量 $\boldsymbol{\rho}=(\rho_1 \quad \rho_2 \quad \cdots \quad \rho_{N_e})^{\mathrm{T}}$ 即可描述结构的整体材料分布，其中，N_e 为设计域内单元总数。优化问题的目标函数依然取为 m 个指定自由度上振幅的平方和。相应的优化问题列式可以给为

$$
\begin{aligned}
\min_{\boldsymbol{\rho}} \quad & f = \sum_{j=1}^{m} A_j^2 \\
\text{s.t.} \quad & \boldsymbol{M}\ddot{\boldsymbol{y}}(t) = \boldsymbol{C}\dot{\boldsymbol{y}}(t) + \boldsymbol{K}\boldsymbol{y}(t) = \boldsymbol{f}(t) \\
& \sum_{e=1}^{N_e} \rho_e V_e - f_{\mathrm{v}} \sum_{e=1}^{N_e} \leqslant 0 \\
& 0 < \rho_{\min} \leqslant \rho_e \leqslant 1 \ (e = 1, \cdots, N_e)
\end{aligned}
\tag{2.42}
$$

式中，f_{v} 为体积约束；V_e 为第 e 个单元充满阻尼材料和基体材料时

的体积。设计变量下限被取为 10^{-6} 以防止出现纯空单元而引起数值计算困难。优化问题依然要满足式(2.1)或式(2.6)中的结构动力学方程,其求解方法已经在 2.2.2 节和 2.2.3 节中详细给出,这里不再赘述。

下面介绍 RAMP 材料插值模型。在建立如所述的优化问题时,常采用 SIMP 方法的材料对单元刚度和质量矩阵进行插值,基于此结构整体刚度和质量矩阵可以写为

$$\boldsymbol{M} = \sum_{e=1}^{N_e} \rho_e (\boldsymbol{M}_e^{\mathrm{h}} + \boldsymbol{M}_e^{\mathrm{d}}) \tag{2.43}$$

$$\boldsymbol{K} = \sum_{e=1}^{N_e} (\rho_e)^{\mathrm{p}} (\boldsymbol{K}_e^{\mathrm{h}} + \boldsymbol{K}_e^{\mathrm{d}}) \tag{2.44}$$

式中,$\boldsymbol{K}_e^{\mathrm{h}}$ 和 $\boldsymbol{M}_e^{\mathrm{h}}$ 分别为充满结构基体材料时($\rho_e = 1$)第 e 个单元的基体材料层刚度矩阵和质量矩阵;$\boldsymbol{K}_e^{\mathrm{d}}$ 和 $\boldsymbol{M}_e^{\mathrm{d}}$ 分别为充满阻尼材料时第 e 个单元的阻尼刚度矩阵和质量矩阵。

在利用 SIMP 方法进行结构动力学拓扑优化时,会出现在低密度单元区域存在大量的局部模态而无法找到实体结构区域的频率和模态的问题,这是因为在 SIMP 方法中对刚度阵进行了 P 次方的惩罚(P 一般大于或等于 3),当单元密度很小的时候(ρ_e 趋近于 0),单元刚度矩阵和质量矩阵的比值由于刚度矩阵惩罚的影响将迅速减小,因而在低密度区域将出现极小的特征值,这一特征值是由于对结构的刚度矩阵采用了带惩罚的插值模型而造成的,而并非结构真实的物理特性。

为了抑制这一现象的产生，许多学者在此方面进行了研究。其中，杜建镔和 Olhoff 提出在结构低密度区域不仅对单元的刚度矩阵进行惩罚，同时对结构的质量矩阵要进行更高次数的惩罚的修正方法，这种方法能够有效地抑制低密度区域模态的产生。另外，还有一些学者提出不改变现有的 SIMP 模型，而是在结构特征值求解时采用移轴的办法，同样能够过滤掉虚假的低阶特征频率。

本章在解决这一问题时采用的是 RAMP(rational approximation of material properties)模型，这种材料模型的表达式为

$$E(\rho_e)=E_{\text{void}}+\frac{\rho_e}{1+p_{\text{E}}(1-\rho_e)}(E_{\text{solid}}-E_{\text{void}}) \tag{2.45}$$

式中，$E(\rho_e)$、E_{void}、E_{solid} 分别代表当前密度下使用杨氏模量以及在空心和实心单元的材料杨式模量。基于这种插值，即使单元密度较低也不会产生对刚度惩罚过于严格的情况。例如，当 $p_{\text{E}}=4$，$E_{\text{void}}=10^{-6}E_{\text{solid}}$ 时，材料质量矩阵与刚度矩阵的惩罚系数之比 $\rho_e/\left[\frac{E_{\text{void}}}{E_{\text{solid}}}-\frac{\rho_e}{1+p_E(1-\rho_e)}(1-\frac{E_{\text{void}}}{E_{\text{solid}}})\right]$ 随密度的变化如图 2.17 所示，作为比较 SIMP 方法的质量矩阵与刚度矩阵的惩罚系数之比 ρ_e/ρ_e^3 也在图 2.17 中给出。可以发现，当单元密度趋近于 0 时，这一比值为 5，而对于 SIMP 方法而言这一比值将趋于正无穷。

在本章中，取 RAMP 方法中的惩罚因子 $p_{\text{E}}=4$，进一步地，结构的整体刚度矩阵 $\boldsymbol{K}$ 和整体质量矩阵 $\boldsymbol{M}$ 可以表达为

$$\begin{gathered}\boldsymbol{K}=\sum_{e=1}^{N_e}\left[\underline{\rho}+\frac{\rho_e}{1+p_{\text{E}}(1-\rho_e)}(1-\underline{\rho})\right](\boldsymbol{K}_e^{\text{h}}+\boldsymbol{K}_e^{\text{d}})\\ \boldsymbol{M}=\sum_{e=1}^{N_e}\rho_e(\boldsymbol{M}_e^{\text{h}}+\boldsymbol{M}_e^{\text{d}})\end{gathered} \tag{2.46}$$

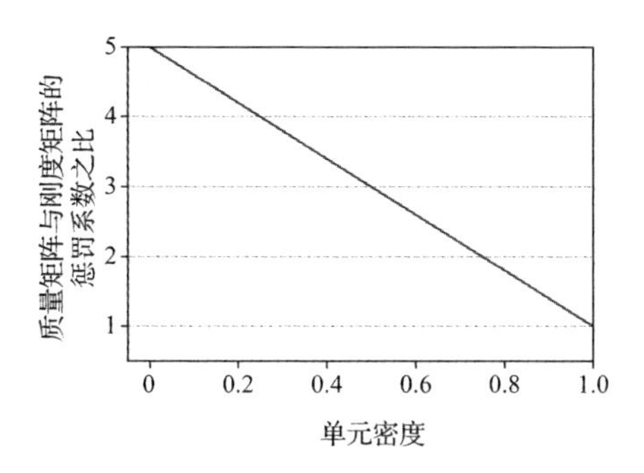

(a)RAMP 方法

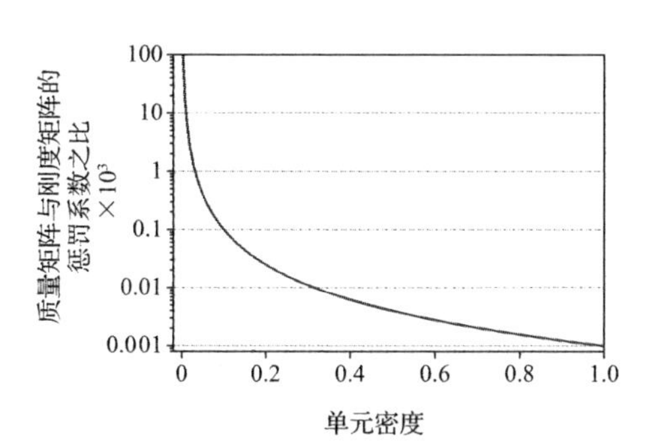

(b)SIMP 方法

图 2.17　质量矩阵与刚度矩阵惩罚系数变化曲线

图 2.17　Ratio between penalization on mass and stiffness

而对于结构的阻尼矩阵，依然采用带惩罚的人工阻尼材料模型，其表达式为

$$\boldsymbol{C} = \sum_{e=1}^{N_e} \boldsymbol{C}_e^{\mathrm{d}} = \sum_{e=1}^{N_e} (\alpha_0^{\mathrm{d}} {\rho_e}^{q1} \boldsymbol{M}_e^{\mathrm{d}} + \beta_0^{\mathrm{d}} {\rho_e}^{q2} \boldsymbol{K}_e^{\mathrm{d}}) \tag{2.47}$$

$e = 1, 2, \cdots, N_e$

2.3.3 灵敏度分析

对于振动结构指定自由度振幅响应的灵敏度，2.2.3节已经给出了详细推导，为避免重复，本节只给出部分必要的灵敏度分析过程。对于只显示依赖于结构振幅响应 $\boldsymbol{Y}$ 的广义结构响应函数 $g(\boldsymbol{Y})$，通过引入伴随向量 $\boldsymbol{\mu}_1$ 和 $\boldsymbol{\mu}_2$，响应函数可以写成 $g=g(\boldsymbol{Y})+\boldsymbol{\mu}_1^{\mathrm{T}}(\boldsymbol{S}\boldsymbol{Y}-\boldsymbol{F})+\boldsymbol{\mu}_2^{\mathrm{T}}(\overline{\boldsymbol{S}}\overline{\boldsymbol{Y}}-\overline{\boldsymbol{F}})$，对第 e 个设计变量求导，可以得到

$$\frac{\mathrm{d}g}{\mathrm{d}\rho_e}=\boldsymbol{\mu}_1^{\mathrm{T}}\frac{\partial \boldsymbol{S}}{\partial \rho_e}\boldsymbol{Y}+\boldsymbol{\mu}_2^{\mathrm{T}}\frac{\partial \overline{\boldsymbol{S}}}{\partial \rho_e}\overline{\boldsymbol{Y}}+\frac{\partial \boldsymbol{Y}^{\mathrm{R}}}{\partial \rho_e}\left(\frac{\partial g}{\partial \boldsymbol{Y}^{\mathrm{R}}}+\boldsymbol{\mu}_1^{\mathrm{T}}\boldsymbol{S}+\boldsymbol{\mu}_2^{\mathrm{T}}\overline{\boldsymbol{S}}\right)+ \frac{\partial \boldsymbol{Y}^{\mathrm{I}}}{\partial \rho_e}\left(\frac{\partial g}{\partial \boldsymbol{Y}^{\mathrm{I}}}+\mathrm{i}\boldsymbol{\mu}_1^{\mathrm{T}}\boldsymbol{S}-\mathrm{i}\boldsymbol{\mu}_2^{\mathrm{T}}\overline{\boldsymbol{S}}\right) \tag{2.48}$$

其中，可以指定伴随变量满足

$$\boldsymbol{\mu}_1^{\mathrm{T}}\boldsymbol{S}=\frac{1}{2}\left(-\frac{\partial g}{\partial \boldsymbol{Y}^{\mathrm{R}}}+\mathrm{i}\,\frac{\partial g}{\partial \boldsymbol{Y}^{\mathrm{I}}}\right) \tag{2.49}$$

$$\boldsymbol{\mu}_1=\overline{\boldsymbol{\mu}}_2 \tag{2.50}$$

于是，目标函数对第 e 个设计变量的灵敏度表达式可以改写成

$$\frac{\mathrm{d}g}{\mathrm{d}\rho_e}=2\mathrm{Re}\left[\boldsymbol{\mu}_1^{\mathrm{T}}\left(-\theta^2\frac{\partial \boldsymbol{M}}{\partial \rho_e}+\mathrm{i}\theta\frac{\partial \boldsymbol{C}}{\partial \rho_e}+\frac{\partial \boldsymbol{K}}{\partial \rho_e}\right)\boldsymbol{Y}\right] \tag{2.51}$$

其中，在RAMP方法框架下结构质量矩阵、刚度矩阵、阻尼矩阵对设计变量的导数分别为

$$\frac{\partial \boldsymbol{M}}{\partial \rho_e}=\sum_{e=1}^{N_e}(\boldsymbol{M}_e^{\mathrm{h}}+\boldsymbol{M}_e^{\mathrm{d}}) \tag{2.52}$$

$$\frac{\partial \boldsymbol{K}}{\partial \rho_e}=\sum_{e=1}^{N_e}\left\{\frac{1}{1+p_{\mathrm{E}}(1-\rho_e)}+\frac{p_{\mathrm{E}}\rho_e}{[1+p_{\mathrm{E}}(1-\rho_e)]^2}\right\}(1-\underline{\rho})(\boldsymbol{K}_e^{\mathrm{h}}+\boldsymbol{K}_e^{\mathrm{d}}) \tag{2.53}$$

$$\frac{\partial \boldsymbol{C}}{\partial \rho_e} = \sum_{e=1}^{N_e} [m_1 \rho_e^{(m_1-1)} \boldsymbol{K}_e^{\mathrm{d}} + m_2 \rho_e^{(m_2-1)} \boldsymbol{M}_e^{\mathrm{d}}] \tag{2.54}$$

以本节所取的目标函数(第 j 个自由度的振幅 A_j)为例,伴随变量 $\boldsymbol{\mu}_1$ 可以通过下式求得,即

$$\begin{aligned} \boldsymbol{\mu}_1^{\mathrm{T}} \boldsymbol{S} &= \frac{1}{2}\left[-\frac{\partial \sqrt{(Y_j^{\mathrm{R}})^2 + (Y_j^{\mathrm{I}})^2}}{\partial \boldsymbol{Y}^{\mathrm{R}}} + \mathrm{i}\frac{\partial \sqrt{(Y_j^{\mathrm{R}})^2 + (Y_j^{\mathrm{I}})^2}}{\partial \boldsymbol{Y}^{\mathrm{I}}}\right] \\ &= \frac{1}{2A_j}(-Y_j^{\mathrm{R}} + \mathrm{i}Y_j^{\mathrm{I}})\boldsymbol{r}_0 = -\frac{\overline{Y}_j}{2A_j}\boldsymbol{r}_0 \end{aligned} \tag{2.55}$$

式中,$\boldsymbol{r}_0 = (0 \quad 0 \quad \cdots \quad 1 \quad 0 \quad \cdots \quad 0)^{\mathrm{T}} \in \boldsymbol{R}^{n \times 1}$ 为第 j 个自由度处为 1、其余为 0 的向量。

2.3.4 优化算例

本节将给出一些数值算例来验证所提方法的有效性和准确性,并讨论一些主要因参数对优化结果的影响。

(1)四边固支方板基体材料层和阻尼材料层联合拓扑优化

首先,考虑如图 2.18 所示四边固支方板,其几何尺寸为a=3 m,$t_{\mathrm{h}}=t_{\mathrm{d}}$=0.05 m,其中心受到一个简谐载荷 $f(t)=F\mathrm{e}^{\mathrm{i}\omega_f t}$(振幅为 F=1×10^5 N,f_{p}=20 Hz)。基体材料层的杨氏模量为 $E^{\mathrm{h}}=6.9\times10^{10}$ N/m²,泊松比为 υ^{h}=0.3,材料密度为 ρ^{h}=2 700 kg/m³。阻尼材料层的材料属性为 $E^{\mathrm{d}}=2.2\times10^8$ N/m²,υ^{d}=0.49,ρ^{d}=980 kg/m³。阻尼材料层的阻尼系数为 α_0^{d}=0.1,β_0^{d}=0.1。整个设计域被划分为(60×60)个 8 节点 Mindlin 板单元,共 n=33 123 个自由度。体积分数约束为 f_{v}=0.5,所有设计变量在初始条件下都设定为 ρ_e=

0.5(e=1,2,…,3 600),在频率响应和灵敏度分析时考虑无阻尼系统的前 40 阶特征向量(n_b=40)。

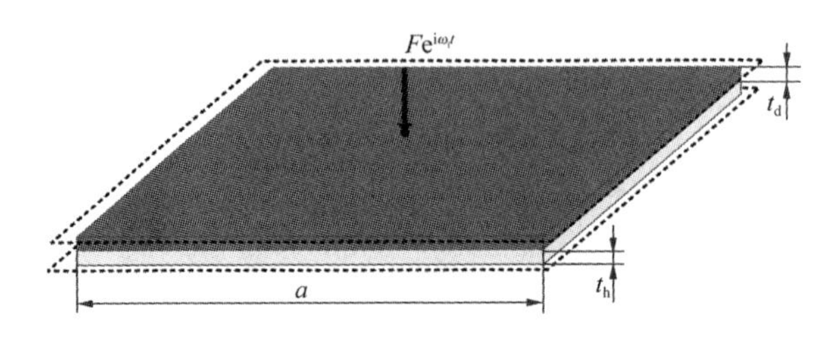

图 2.18 表面敷设阻尼材料层的中心加载四边固支方板

Fig. 2.18 A fully clamped square plate subject to a harmonic load at the center

优化过程在迭代 140 步后收敛,目标函数和体积约束的迭代历史如图 2.19 所示,其中板中心点振幅的平方从初始设计中的 1.122×10^{-2} m² 减小到优化设计中的 1.49×10^{-4} m²,最优材料分布如图 2.20 所示。从图 2.20 可以看出,结构中心分布着一块实体材料核心并通过类似于铰的结构连接到固定边界上,这一结果与中心加载方板最大刚度拓扑优化结果十分相似。初始设计和最优设计的结构振幅云图如图 2.21 所示,可以发现优化后结构动力学性能显著提高。初始设计和优化设计加载点振幅扫频曲线(2~150 Hz) 如图 2.22 所示,可以发现初始结构原本在 20 Hz 的振幅共振峰明显地向右移动并且大幅降低,同时优化解中大部分载荷频率下的振幅都小于初始解下的振动幅值。优化前后结构各阶固有频率比较见表 2.4。

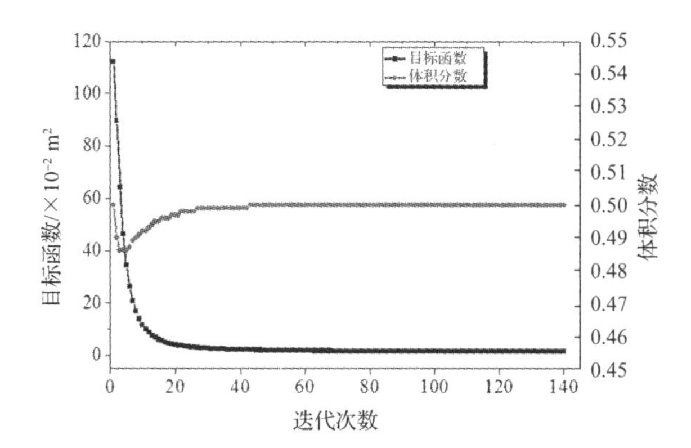

图 2.19　目标函数和体积分数的迭代历史

Fig. 2.19　Iteration histories of objective function and volume fraction ratio

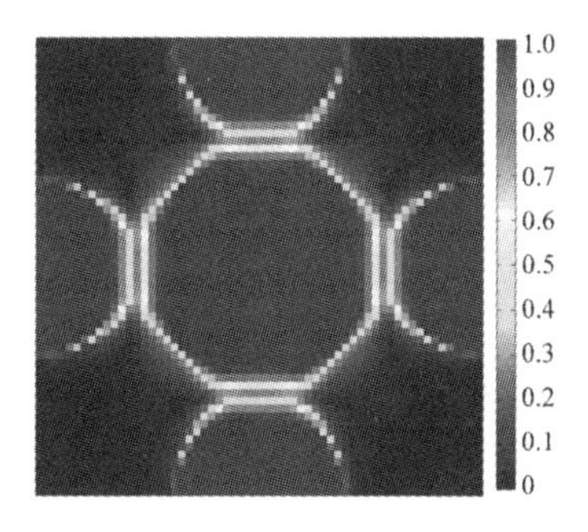

图 2.20　四边固支方板拓扑优化解

Fig. 2.20　Topology optimization result for the four-edge clamped square plate

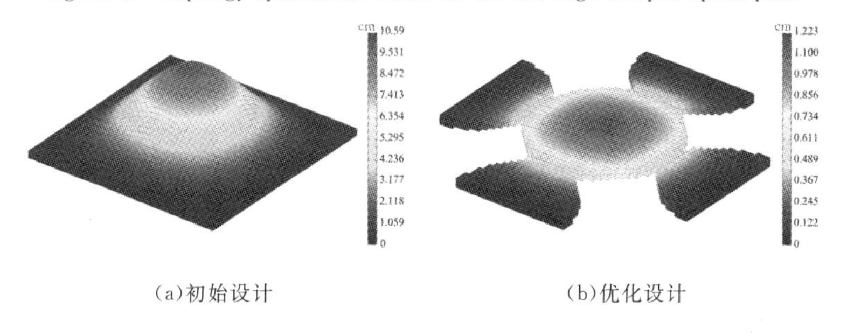

(a)初始设计　　　　(b)优化设计

图 2.21　初始设计和优化设计的结构振幅云图

Fig. 2.21　Vibration amplitude contours for the initial design and the optimal design

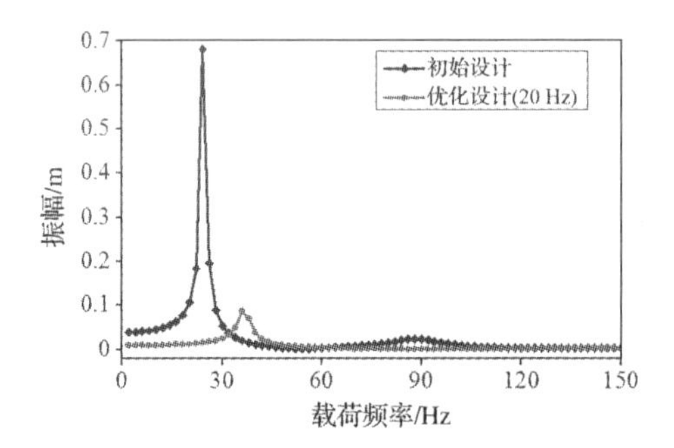

图 2.22　初始设计和优化设计加载点振幅扫频曲线

Fig. 2.22　Comparison of vibration amplitudes at loading point under different excitation frequencies for initial and optinal design

表 2.4　　优化前后结构各阶固有频率比较

Tab. 2.4　Comparisons of eigenvalue analysis results for the initial and the optimal design

阶数	初始设计固有频率/Hz	优化设计固有频率/Hz
1	24.237 1	36.713 8
2	49.308 9	67.308 7
3	49.308 9	67.308 7
4	72.527 4	114.753 9
5	88.085 4	122.712 2
6	88.520 3	142.152 6
7	110.209 6	171.097 7
8	110.209 6	171.097 7
9	140.319 6	183.317 9
10	140.319 6	184.367 5

作为比较,同时给出没有阻尼材料层的拓扑优化,其结果如图 2.23 所示,相应的加载点振幅扫频曲线如图 2.24 所示,另外这种情况下结构一阶固有频率在优化后变为 41.88 Hz,然而从图 2.24 中可以看出,虽然这一优化结果能够使结构在 20 Hz 时振幅明显减小,然而由于整个结构缺少阻尼效应,优化结构在其一阶

固有频率处依然会产生十分巨大的共振峰，这对结构动力学性能来说依然是不利的。

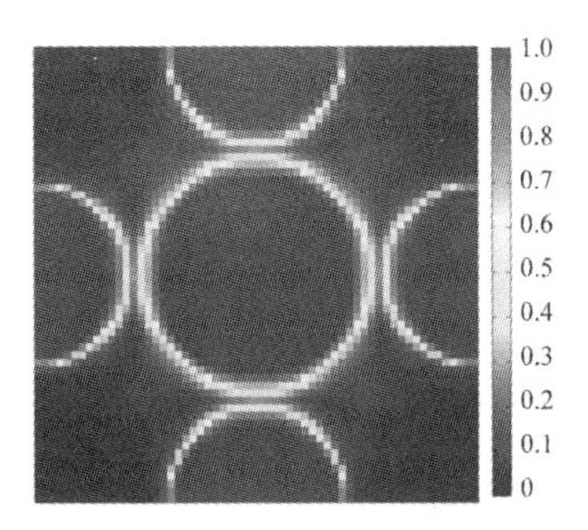

图 2.23 无阻尼材料层四边固支方板的拓扑优化结果

Fig. 2.23 Topology optimization result for the four-edge clamped square plate without damping layer

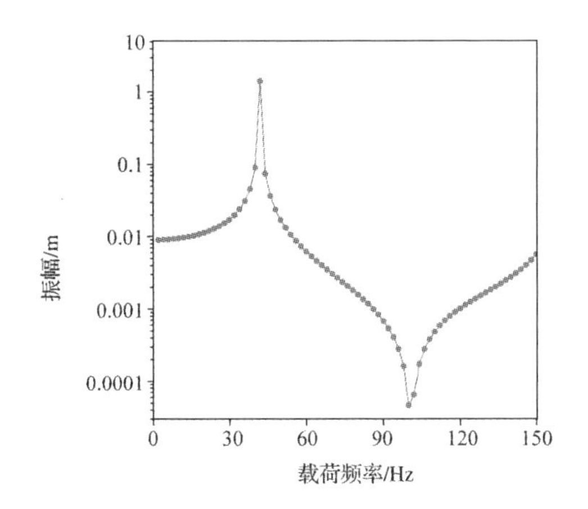

图 2.24 无阻尼结构优化设计加载点振幅扫频曲线

Fig. 2.24 Vibration amplitude at the loading point under different excitation frequencies for the optimal design without damping layer

(2)不同载荷边界条件下的拓扑优化结果

接下来，考虑上述正方板结构在不同边界条件下的拓扑优化解。主要考虑两种不同的边界条件：①在方板的 4 个角对方板进行固支，在其中心施加一个简谐激励 $f(t)=Fe^{i\omega_f t}$，其幅值为 $F=1\times10^6$ N，载荷频率为 $f_p=5$ Hz，其结构如图 2.25(a)所示；②正方板一端固支，在其另一端的中点施加一个简谐激励 $f(t)=Fe^{i\omega_f t}$，其幅值为$F=1\times10^6$ N，载荷频率为 $f_p=2$ Hz，如图 2.25(b)所示。在两种不同情况中，目标函数均选取加载点振幅作为优化问题的目标函数。在两种边界条件的初始设计中，第一阶固有频率分别为10.13 Hz 和 2.34 Hz。两种边界条件下所得的结构优化解如图 2.26所示。可以发现，上述不同边界条件下方板的拓扑优化结果(图 2.20、图 2.25)与只优化方板基频时的拓扑优化结果十分相似。这是因为上述几个算例中，所选取的外载荷激励相对较小(均小于初始设计的一阶固有频率)，因此外激励只能激起结构的前几阶模态，而一阶模态又在其中占据了主导地位。

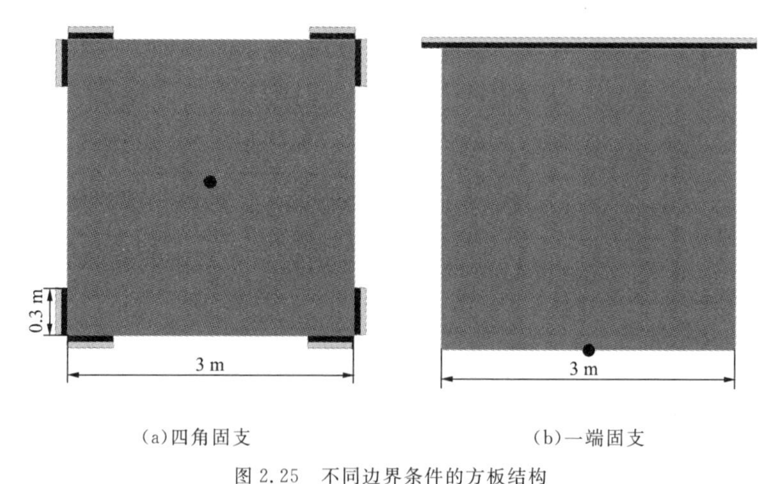

(a)四角固支　　(b)一端固支

图 2.25　不同边界条件的方板结构

Fig. 2.25　A square plate with different boundary conditions

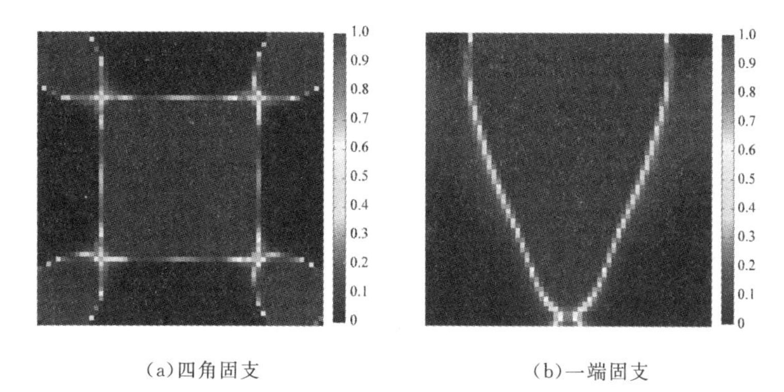

图 2.26 不同边界条件下方板的优化解

Fig. 2.26 Optimal designs for different boundary conditions

(3)影响拓扑优化结果的主要因素

下面讨论几种可能对结构拓扑优化结果产生较大影响的因素，包括结构的阻尼系数以及外加载荷频率。这里考虑一端固支方板(a=3 m,t_h=t_d=0.05 m)，其自由端附近为非设计域(a_{nd}=0.3 m)，板的自由端承受一个幅值为 2×10^3 N/m 的线载荷，如图 2.27 所示。将整个板划分为 3 600 个 Mindlin 板单元，共计 n=33 123 个自由度，其中设计域内共有 3 240 个单元(3 240 个设计变量)，优化的目标函数为加载端中点和两个端点(图 2.27 中的实心点)振幅的平方和。

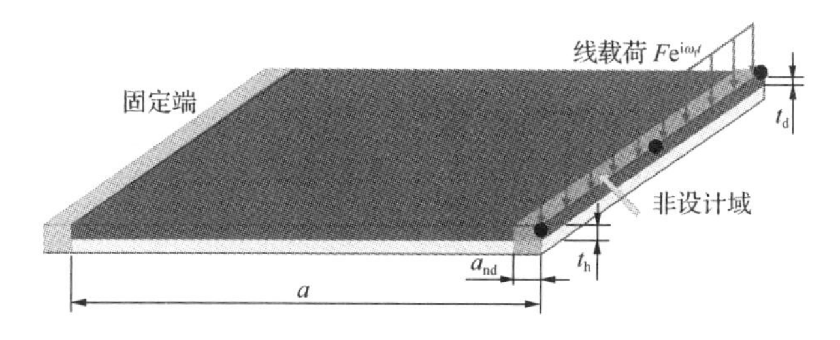

图 2.27 一端具有非设计域的悬臂方板

Fig. 2.27 A cantilever square plate with a non-design domain

①载荷频率的影响

首先，考虑载荷频率对拓扑优化结果的影响。这里，阻尼材料层的阻尼系数固定为 $\alpha_0^d=\beta_0^d=50$，考虑 4 种不同的载荷频率 $f_p=$ 1.5 Hz，5 Hz，50 Hz，90 Hz，其优化结果如图 2.28 所示。可以发现当载荷频率增高时，优化解随载荷频率的变化而产生明显的变化，然而当载荷频率较高时（$f_p \geqslant 50$ Hz），材料的最优布局随载荷频率变化不再十分明显。这是因为虽然高频率载荷会激起结构的高阶模态，但阻尼效应对高阶模态具有非常显著的衰减作用。因此即使施加更高频率的载荷，结构的最优拓扑结果也不会继续产生明显的变化。

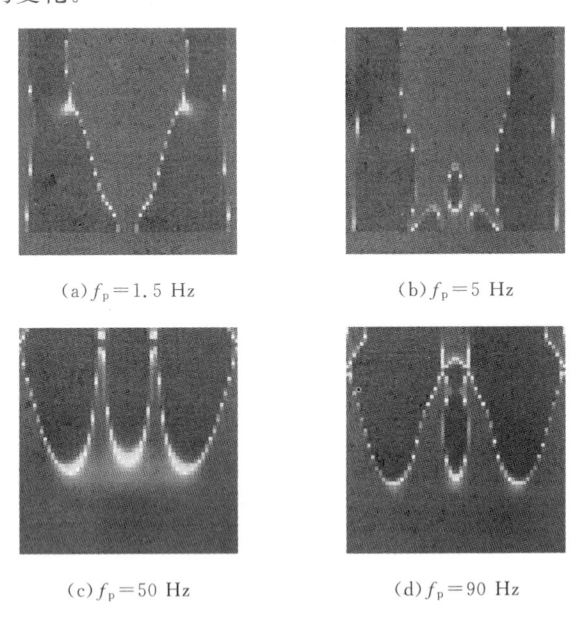

(a) $f_p=1.5$ Hz (b) $f_p=5$ Hz

(c) $f_p=50$ Hz (d) $f_p=90$ Hz

图 2.28 不同载荷频率下结构拓扑优化结果

Fig. 2.28 Optimization results obtained under different excitation frequencies

为进一步比较初始设计和不同频率载荷下的优化设计，表 2.5 给出初始设计和不同载荷频率下优化设计的前 15 阶固有频率，可以发现结构大多数阶次的固有频率在优化后都远离了外激励加载频率。这也同时说明结构振动幅度的减小是结构基体材料层和阻尼材料层的质量性质、刚度性质和阻尼性质三者协同作用的结果。

表 2.5 初始设计和不同频率下优化设计的前 15 阶固有频率比较

Tab. 2.5 Comparisons of the first 15 natural frequencies of the initial design and optimal designs obtained under different excitation frequencies

阶数	初始设计	1.5 Hz 载荷下优化设计	5 Hz 载荷下优化设计	50 Hz 载荷下优化设计	90 Hz 载荷下优化设计
1	2.02	4.11	3.84	0.66	0.83
2	5.37	8.07	8.60	4.10	4.36
3	13.40	17.62	17.78	15.56	13.50
4	21.26	21.35	21.99	20.78	20.04
5	21.74	28.09	26.40	27.28	24.63
6	37.48	37.82	35.12	41.74	41.13
7	39.62	45.47	41.21	43.64	45.89
8	48.89	58.56	60.61	57.58	47.75
9	50.87	64.35	61.48	65.55	58.33
10	68.66	76.50	76.99	67.46	72.37
11	68.69	80.46	77.24	83.75	76.68
12	78.25	108.64	105.13	110.65	85.80
13	87.97	114.69	117.84	113.04	93.35
14	91.55	129.41	128.90	119.25	104.45
15	98.23	132.49	134.25	129.61	110.64

②阻尼系数的影响

进一步讨论阻尼系数对最终优化结果的影响，这里载荷频率固定为 $f_p=1.5$ Hz，而考虑 5 种不同的阻尼系数数值，分别为 $\alpha_0^d=\beta_0^d=1,50,100,500,1\ 000$，另外无阻尼结构（$\alpha_0^d=\beta_0^d=0$）也作为对照解在数值算例中给出，不同阻尼系数下的优化解如图 2.29 所示。可以发现阻尼材料主要布局在抑制结构整体弯曲变形的区域，主要是因为载荷频率 1.5 Hz 低于结构的一阶固有频率，因此优化解主要受到结构前几阶固有频率（尤其是第一阶固有频率）的影响。同时为了进一步检验阻尼系数对结构优化解的影响，给出图 2.29(a)～图 2.29(d) 中的优化设计目标函数在 0.3～30 Hz 的扫频曲线，如图 2.30 所示。可以发现在优化设计中，共振峰附近的目标函数被大幅度降低，同时随着阻尼系数的增大，结构整体振动程度随之降低。

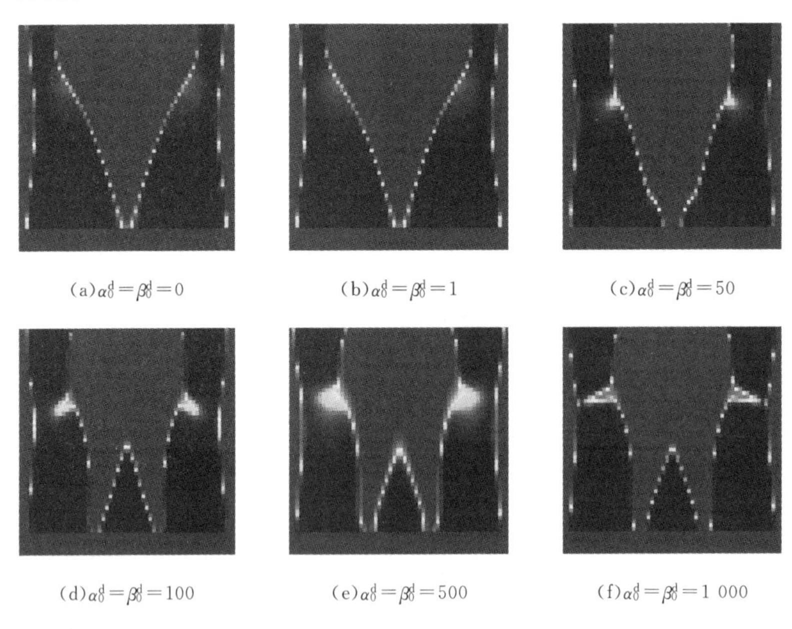

(a) $\alpha_0^d=\beta_0^d=0$　(b) $\alpha_0^d=\beta_0^d=1$　(c) $\alpha_0^d=\beta_0^d=50$

(d) $\alpha_0^d=\beta_0^d=100$　(e) $\alpha_0^d=\beta_0^d=500$　(f) $\alpha_0^d=\beta_0^d=1\ 000$

图 2.29　不同阻尼系数下的优化解

Fig. 2.29　Comparison of optimal designs obtained with different damping coefficients

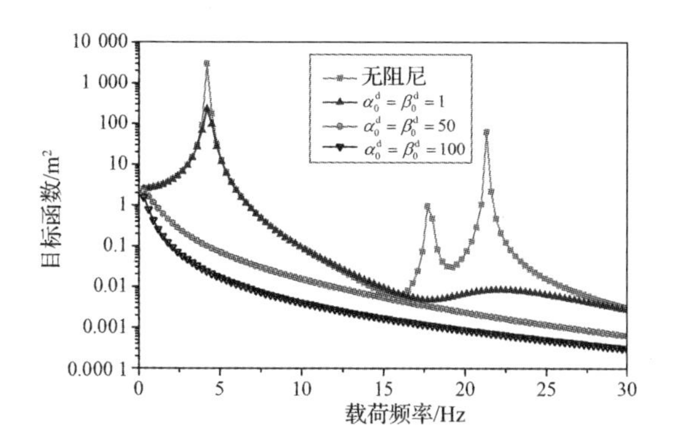

图 2.30　不同阻尼系数下得到的优化设计的目标函数扫频曲线

Fig. 2.30　Objective function value under different excitation frequencies for optimal designs with different damping coefficients

(4)圆柱壳结构基体材料层和阻尼材料层联合拓扑优化

下面考虑一个双层圆柱壳的基体材料层和阻尼材料层联合拓扑优化问题。这里圆柱壳的长度为 $l=4$ m,基体材料层和阻尼材料层的厚度为 $t_h=t_d=0.02$ m,圆柱壳的半径为 $R=0.5$ m,如图 2.31 所示。其基体材料层的材料属性为 $E^h=6.9\times10^{10}$ N/m^2,$v^h=0.3$,$\rho^h=2\ 700$ kg/m^3;阻尼材料层的材料属性为 $E^d=2.2\times10^8$ N/m^2,$v^d=0.49$,$\rho^d=980$ kg/m^3。圆柱壳的两端被固定,在壳的上、下两个中点处施加两个频率和载荷幅值相同、方向相反的简谐载荷 $f(t)=Fe^{i\omega_f t}$($F=10^6$ N,$\omega_f=2\pi f_p$,$f_p=40$ Hz,加载点为图 2.31 中的实心点)。优化的目标取为加载点振幅的平方和,设计域被离散为(40×80)个 4 节点 Mindlin-Reissner 壳单元,共计 3 240 个节点,体积约束

为 $f_v=0.5$，初始设计中所有设计单元密度都取为 $\rho_e=0.5(e=1,2,\cdots,3\ 200)$。

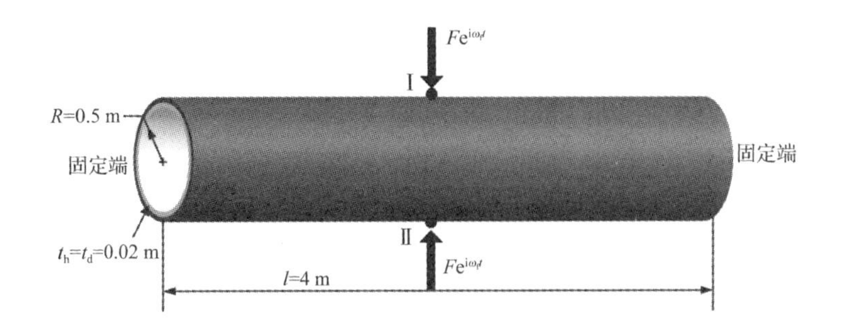

图 2.31 表面敷设阻尼材料层的两端固支圆柱壳

Fig. 2.31 A hollow cylinder shell structure subject to two concentrated harmonic loads at the middle section

首先，考虑阻尼系数较小的情况（阻尼系数 $\alpha_0^d=\beta_0^d=0.5$），优化程序在 181 步之后收敛，优化过程中目标函数值稳定下降。初始设计和优化设计中材料布局和结构振幅云图如图 2.32 所示。为进一步验证优化解在一个频率带内的动力学响应特性，在图 2.33 中给出初始和优化设计中目标函数（加载点振幅）的扫频曲线，可以发现整个频率带内优化设计的动力学性能都优于初始设计。

为了进一步考察阻尼材料层阻尼性质对结构拓扑优化的影响，考虑阻尼材料层阻尼系数为 $\alpha_0^d=\beta_0^d=300$ 的情况，最优布局如图 2.34 所示。可以发现，阻尼材料层阻尼系数对结构拓扑优化结果具有明显的影响。

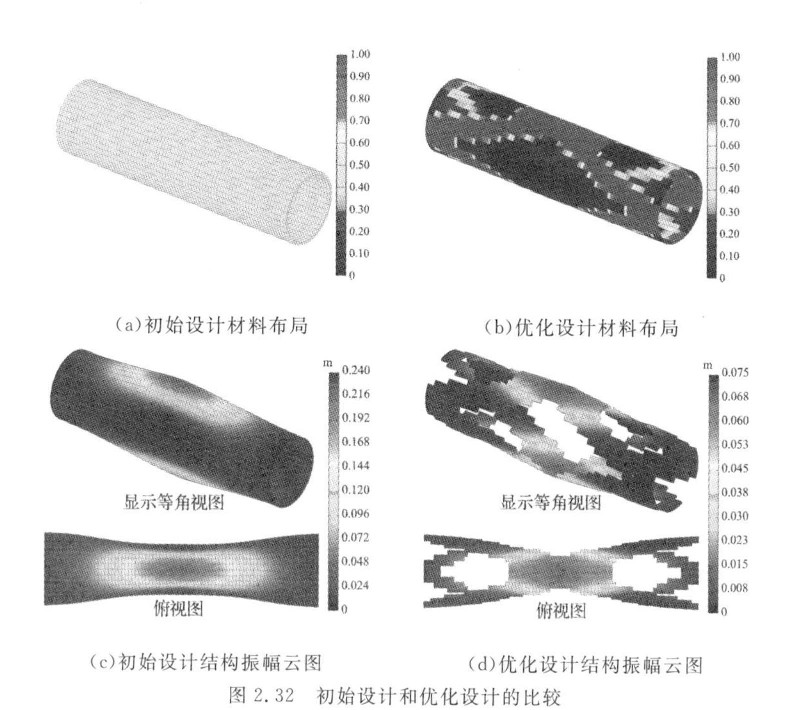

图 2.32　初始设计和优化设计的比较

Fig. 2.32　Comparison of the initial design and the optimal design

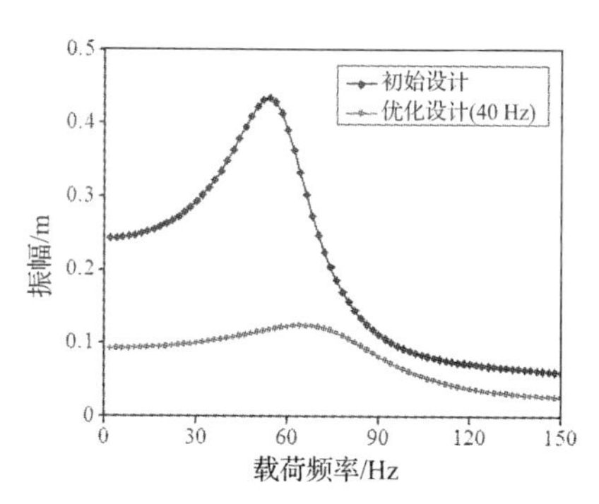

图 2.33　初始设计和优化设计加载点振幅扫频曲线

Fig. 2.33　Comparison of the vibration amplitudes at the loading points under different excitation frequencies for the initial and optimal design

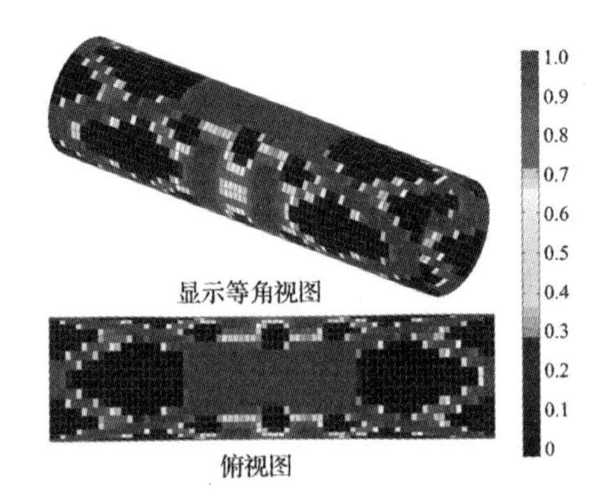

图 2.34　阻尼系数较大时圆柱壳结构最优布局

Fig. 2.34　Optimal designs of the cylinder shell structure with large damping coefficients

值得注意的是，本章所得的阻尼材料布局往往较为复杂且并不十分规则，这将给加工工艺带来一定的困难，然而拓扑优化结果作为一种概念设计依然可以对实际结构设计起到重要的指导意义，在详细设计阶段可以综合考虑拓扑优化结果和加工工艺得到最终设计。另外，在许多关键领域（如航空航天），结构的轻量化是具有决定性影响的指标之一，此时为了在指定质量限制下能够实现最优的动力学性能，采用复杂的阻尼敷设材料也是十分必要的，这也对加工工艺提出了更高的要求。

在本书所考虑的优化问题中，结构的整体应力水平较小，因此在优化模型中并未考虑强度约束。然而当结构整体应力水平较大时，结构强度问题则不可忽略，部分学者致力于考虑静载荷条件下强度约束的拓扑优化问题的研究并获得了丰富的研究成果，但考虑动力载荷下强度问题的拓扑优化研究尚属空白，作者希望未来能在这一问题上开展进一步的研究。

3 结构声辐射性能拓扑优化方法

利用结构优化的方法减小振动结构的声辐射强度已经在工程领域受到了广泛的关注。在振动结构表面敷设阻尼材料层被认为是减小结构振动和噪声的一种有效方式。然而,在很多实际工程结构中,对整个结构施加满布的阻尼材料层会给结构带来过大的附加质量,同时也无法达到降低结构振动和噪声的效果。因此寻求减小结构振动和噪声的阻尼材料最优布局的研究引起了许多学者的研究兴趣。

在过去的20年中,越来越多的研究开始关注结构振动-声辐射性能的优化问题。在这些研究中,多种结构声辐射性能被选作优化问题的目标函数,包括振动结构表面的总辐射能、某一特定声场点的声压水平,以及声场与振动结构的相互作用等。近年来,在结构振动-声辐射性能优化问题的研究中,许多学者采用了拓扑优化方法。其中,Yoon等利用混合有限单元的方法研究了以减小结构声辐射为目标的结构-声场耦合系统拓扑优化。Du和Olhoff利用有限单元和边界单元结合的办法对结构振动-声辐射耦合系统进行求解，基于 SIMP 方法提出了以减小结构表面声辐射能为目标的拓扑优化列式并给出了相应的灵敏度分析。Shu 等利用水平集方法研究了结构振动-声辐射系统中承载结构的最优拓扑布局问题。Kook 等研究了以可被人类感知的响度为目标函数的隔音材料最优拓扑布局问题。Dühring 等利用 SIMP 方法研究了以减小指定位置声压为目标的吸声材料和声反射材料的最优拓扑布局问题。

上述研究主要针对的是两类问题：内声场问题中指定位置的声压性能和外声场问题中结构的对外声辐射总功率。在实际工程中，振动结构往往置于一个半无限声场中，而人们所关心的声辐射位置也经常是声场中对人或设备有重大影响的一个小区域。然而，求解外声场问题中某一指定位置的声辐射强度需要消耗很多计算时间，同时灵敏度分析也很复杂，这给拓扑优化研究带来了一定的困难。本章的主要研究对象是外声场声辐射问题的灵敏度分析及其拓扑优化方法。

本章以减小振动结构外声场辐射声压为目标，研究了阻尼材料的最优拓扑布局问题及优化的数值实现技术。主要针对放置在空气介质中的振动结构的声辐射问题进行研究，因此在求解时忽略了声压对振动结构产生的反馈效应。在分析外声场问题时，采用了有限单元法求解结构的振动响应，而采用边界单元法对结构声辐射问题进行求解。

3.1　边界单元法声辐射分析

简谐激励下的线性声学系统控制方程是标准的亥姆霍兹(Helmholtz)方程，其表达式为

$$\nabla^2 p+k^2 p=0 \tag{3.1}$$

式中，p 为复声压，$k=\omega/c$ 为波数，ω 和 c 分别为声波的角频率和波速。

按照声学介质和振动结构的位置关系来划分，主要有两类声学问题：内声场问题，如图 3.1 (a) 所示；外声场问题，如图 3.1 (b) 所示。对于内声场问题，声学介质被振动结构所包围，因此其唯一的边界就是结构的内表面，对于这样的问题传统有限单元法很容易对其求解。而对于外声场问题，声学介质的边界不仅仅包括振动结构的外表面，而且还包括无限远处的边界，在无限远的边界处需要满足 Sommerfeld 辐射条件，有限单元法在描述这一无限远边界条件时较为困难，但若使用边界单元法，这一边界条件将会自动满足。

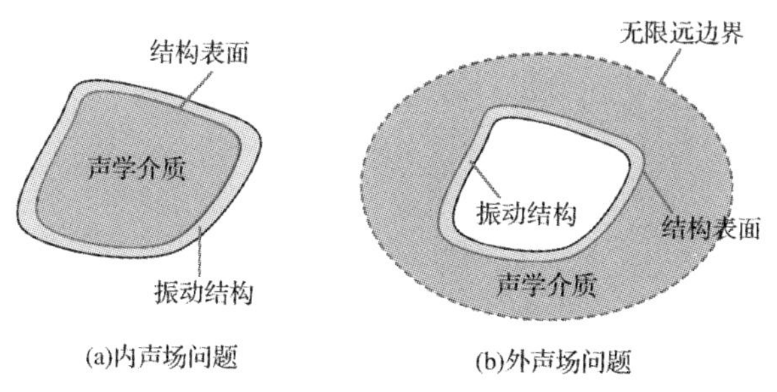

图 3.1　两类声辐射问题

Fig. 3.1　Two types of sound radiation problems

本章考虑的是如图 3.2 所示的外声场声辐射问题。其中,振动结构使用有限单元法进行离散。对于声场域 V 其边界由结构表面 S 和无限远边界 S_R 共同组成,因此这里使用边界单元法对声场域进行离散。

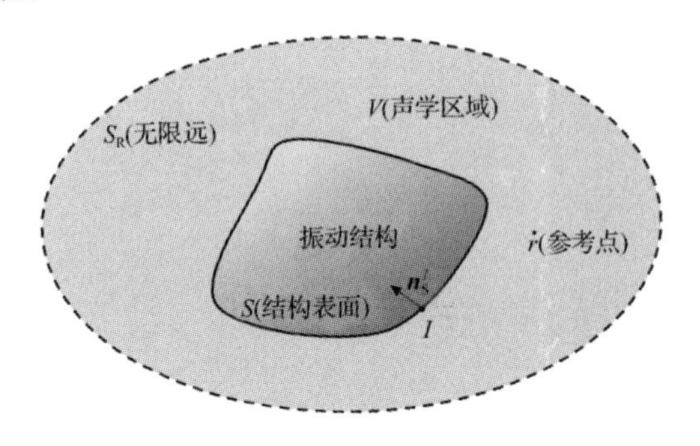

图 3.2　外声场声辐射问题

Fig. 3.2　Exterior sound radiation problem

以图 3.2 中的参考点 r 为例进行声辐射分析。当求解外声场声辐射问题时,必须首先求得振动结构的表面法向速度。对于结构表面 S 上的任意一点 I,其法向速度可以表示为

$$\boldsymbol{v}_n^I = -\boldsymbol{n}_s^I \cdot \boldsymbol{v}^I \tag{3.2}$$

式中,$\boldsymbol{n}_s^I$ 为指向振动结构内部的单位法向量,$\boldsymbol{v}^I$ 是结构表面 I 点的振动速度向量。其 Neumann 边界条件为

$$\frac{\partial p}{\partial n} = \nabla p \cdot \boldsymbol{n} = -\mathrm{i}\rho^{\mathrm{air}}\omega \boldsymbol{v}_{\mathrm{n}}^I \tag{3.3}$$

式中,$\boldsymbol{n}$ 为指向声学介质区域的法向量,$\partial(\ )/\partial n = \nabla(\ ) \cdot \boldsymbol{n}$ 表示法向导数;ρ^{air} 为流体介质的密度(本书为空气)。

对于任意位于声场边界(包括角点和边界)的场点 P,利用格林第二定理,其边界积分方程可表示为

$$C(P)p(P) = -\int_S (\mathrm{i}\rho^{\mathrm{air}}\omega v_{\mathrm{n}} G + p\frac{\partial G}{\partial n})\mathrm{d}S\ (P \in S) \quad (3.4)$$

式中，$G = \mathrm{e}^{-\mathrm{i}kR}/4\pi R$ 为三维自由空间的格林函数的基本解，R 表示场点和声源点的距离，$C(P)$ 为角点系数，其表达式为

$$C(P) = 1 - \frac{1}{4\pi}\int_S \frac{\partial R}{\partial n}\mathrm{d}S \quad (3.5)$$

如果场点 P 位于声场域 V 内，其角点系数 $C(P)$ 等于1，对应的声场域内的亥姆霍兹积分方程变为

$$p(P) = -\int_S (\mathrm{i}\rho^{\mathrm{air}}\omega v_{\mathrm{n}} G + p\frac{\partial G}{\partial n})\mathrm{d}S\ (P \in V) \quad (3.6)$$

为了计算简便，在建立边界单元声场模型的时候，将边界单元节点与有限单元节点放置在同一位置，边界单元网格由 N_{BM} 个单元和 n_{BN} 个节点构成。在边界单元计算时，非光滑结构的角点和边点会出现法向速度不唯一的情况，使得一个节点可能有多个法向速度，这将不利于结构灵敏度分析，因此将具有同一节点的各个法向速度进行平均，使得法向速度维数和节点个数一一对应。基于此，边界单元节点的法向速度 $\boldsymbol{v}_{\mathrm{n}}$ 可以表达为

$$\boldsymbol{v}_{\mathrm{n}} = -\boldsymbol{N}_{\mathrm{s}}\boldsymbol{v} = -\mathrm{i}\omega\boldsymbol{N}_{\mathrm{s}}\boldsymbol{Y} \quad (3.7)$$

式中

$$\boldsymbol{N}_{\mathrm{s}} = \begin{bmatrix} \boldsymbol{n}_{\mathrm{s}}^{1} & 0 & \cdots & 0 \\ \vdots & \boldsymbol{n}_{\mathrm{s}}^{2} & \cdots & 0 \\ 0 & \cdots & \ddots & \vdots \\ 0 & \cdots & 0 & \boldsymbol{n}_{\mathrm{S}}^{n_{\mathrm{BN}}} \end{bmatrix} \quad (3.8)$$

是由每个节点的法向速度向量组成的法向速度矩阵。

对于4节点矩形边界单元，其单元内任意一点 I 的表面声压 p^{I} 和表面法向速度 $v_{\mathrm{n}}^{\mathrm{I}}$ 可以用形函数 $N_l(l = 1,2,3,4)$ 插值得到，即

$$p^{\mathrm{I}} = \sum_{l=1}^{4} N_l p_l \quad v_{\mathrm{n}}^{\mathrm{I}} = \sum_{l=1}^{4} N_l v_{\mathrm{n}l} \quad (3.9)$$

式中，p_l 和 $v_{nl}(l=1,2,3,4)$ 分别是单元节点上声压值和法向速度值。把式(3.9)代入亥姆霍兹方程式(3.1)并且沿结构表面进行积分，可得

$$C(P)p(P)=-\sum_{l=1}^{N_{\mathrm{BM}}}\left(\int_{S_i}\sum_{l=1}^{4}N_l p_l\frac{\partial G}{\partial n}\mathrm{d}S_i+\mathrm{i}\rho^{\mathrm{air}}\omega\int_{S_i}\sum_{l=1}^{4}N_l v_{\mathrm{n}l}G\mathrm{d}S_i\right)\tag{3.10}$$

根据标准的声场直接边界单元法列式，可以得到两个系数矩阵 $h_{il}(P)$ 和 $g_{il}(P)$，即

$$h_{il}(P)=\int_{S_i}N_l\frac{\partial G}{\partial n}\mathrm{d}S_i$$

$$g_{il}(P)=-\mathrm{i}\omega\rho^{\mathrm{air}}\int_{S_i}N_l G\mathrm{d}S_i\quad(l=1,2,3,4)\tag{3.11}$$

将 h_{il} 和 g_{il} 组装为整体的系数矩阵 $\boldsymbol{H}_{\mathrm{B}}\in\boldsymbol{R}^{n_{\mathrm{BN}}\times n_{\mathrm{BN}}}$ 和 $\boldsymbol{G}_{\mathrm{B}}\in\boldsymbol{R}^{n_{\mathrm{BN}}\times n_{\mathrm{BN}}}$，由此可以得到结构表面的声压向量为

$$(\boldsymbol{C}_{\mathrm{B}}+\boldsymbol{H}_{\mathrm{B}})\boldsymbol{p}_{\mathrm{s}}=\boldsymbol{G}_{\mathrm{B}}\boldsymbol{v}_{\mathrm{n}}\tag{3.12}$$

式中，$\boldsymbol{C}_{\mathrm{B}}\in\boldsymbol{R}^{n_{\mathrm{BN}}\times n_{\mathrm{BN}}}$ 是由所有节点的角点系数组成的角点系数对角矩阵。当得到结构表面声压后，声场域内任意一点的声压值便可以获得，对于任意的声场域内点 r 来说，其声压可以表示为

$$p(r)=-\boldsymbol{h}_r\boldsymbol{p}_{\mathrm{s}}+\boldsymbol{g}_r\boldsymbol{v}_{\mathrm{n}}\tag{3.13}$$

将式(3.12)代入式(3.13)可以得到

$$p(r)=\boldsymbol{z}_r\boldsymbol{v}_{\mathrm{n}}\tag{3.14}$$

$$\boldsymbol{z}_r=-\boldsymbol{h}_r[(\boldsymbol{C}_{\mathrm{B}}+\boldsymbol{H}_{\mathrm{B}})^{-1}\boldsymbol{G}_{\mathrm{B}}]+\boldsymbol{g}_r\tag{3.15}$$

这里需要注意的是，$\boldsymbol{z}_r\in\boldsymbol{R}^{l\times n_{\mathrm{BN}}}$ 是一个常系数向量，它受结构边界的几何形状及所选参考点的位置影响，不会随着结构振动的振幅和设计变量的变化而改变。这就意味着该向量只需要在优化迭代的初始步计算一次即可。

参考点 r 处的声压的模 $\| p_r \|$ 定义为

$$\| p_r \| = \sqrt{p(r)^* \cdot p(r)} = \sqrt{\mathrm{Re}[p(r)]^2 + \mathrm{Im}[p(r)]^2} \quad (3.16)$$

式中,( )*、Re( ) 和 Im( ) 分别表示取转置、取实部和取虚部。

3.2 声辐射拓扑优化模型

3.2.1 拓扑优化模型

本节以减小指定位置辐射声压为目标,研究指定材料用量下结构阻尼材料的拓扑布局问题,其结构如图 3.3 所示。

图 3.3 表面敷设阻尼层的壳体结构(黑色为阻尼材料)

Fig. 3.3 A shell structure with surface damping layer (in black)

其拓扑优化列式为

$$\begin{aligned}
\min_{\boldsymbol{\rho}} \quad & f = \| p_{\mathrm{r}} \| \\
\text{s.t.} \quad & (-\omega^2 \boldsymbol{M} + \mathrm{i}\omega \boldsymbol{C} + \boldsymbol{K})\boldsymbol{Y} = \boldsymbol{F} \\
& \nabla^2 p + k^2 p = 0 \\
& \sum_{e=1}^{N_e} \rho_e V_e^0 - f_{\mathrm{v}} \sum_{e=1}^{N_e} V_e^0 \leqslant 0 \\
& 0 < \rho_{\min} \leqslant \rho_e \leqslant 1 \quad (e = 1, \cdots, N_{\mathrm{e}})
\end{aligned} \quad (3.17)$$

式中，$\boldsymbol{\rho} = (\rho_1 \quad \rho_2 \quad \cdots \quad \rho_{N_e})^{\mathrm{T}}$ 为由阻尼材料相对密度构成的设计变量向量；N_e 为设计域内阻尼材料单元总数；p_r 为指定参考点 r 处的声压幅值，并取该点声压幅值的模 $f = \| p_r \|$ 为目标函数；f_{v} 为体积分数，根据结构所允许敷设的最大阻尼材料用量决定；V_e^0 为当 $\rho_e = 1$ 时第 e 个阻尼材料单元体积。本章设计变量下限 $\rho_{\min}$ 选取为一个很小的正量 0.001。需要说明的是，该拓扑优化问题需要同时满足两类控制方程：结构在简谐激励下的振动方程，对于非比例阻尼结构简谐激励下稳态响应的求解方法在第 2 章中已经进行了详细介绍，这里不再赘述；线性声学方程，外声场的声学响应分析在 3.1 节中也已经给出。

3.2.2 灵敏度分析

对于拓扑优化问题式(3.17)，通常采用基于梯度的数学规划方法对优化问题求解，因此需要对目标函数和约束函数进行灵敏度分析。本章选取指定参考点的声压的模作为目标函数，从式(3.14) 和式(3.15) 可以看出目标函数随结构表面振动速度(结构振幅) 变化而变化。对于一个只显示依赖于结构位移响应的 $\boldsymbol{Y}$ 广义响应函数 $g(\boldsymbol{Y})$，第 2 章中已经推导了相应的灵敏度，这里可以将其推广到对结构声辐射的灵敏度分析。

考虑结构的振动方程及其共轭方程，结构的响应函数可以写成

$$g = g(\boldsymbol{Y}) + \boldsymbol{\mu}_1^{\mathrm{T}}(\boldsymbol{W}\boldsymbol{Y} - \boldsymbol{F}) + \boldsymbol{\mu}_2^{\mathrm{T}}(\overline{\boldsymbol{W}}\,\overline{\boldsymbol{Y}} - \overline{\boldsymbol{F}}) \tag{3.18}$$

式中，$\overline{\boldsymbol{W}}$ 为结构动刚度 $\boldsymbol{W} = -\omega^2\boldsymbol{M} + \mathrm{i}\omega\boldsymbol{C} + \boldsymbol{K}$ 的共轭矩阵；$\overline{\boldsymbol{F}}$ 是结构外激励幅值 $\boldsymbol{F}$ 的共轭向量；$\boldsymbol{\mu}_1$ 和 $\boldsymbol{\mu}_2$ 为伴随向量。将式(3.18) 对第 e

个设计变量求导，可以得到

$$\frac{\mathrm{d}g}{\mathrm{d}\rho_e}=\boldsymbol{\mu}_1^{\mathrm{T}}\frac{\partial \boldsymbol{W}}{\partial \rho_e}\boldsymbol{Y}+\boldsymbol{\mu}_2^{\mathrm{T}}\frac{\partial \overline{\boldsymbol{W}}}{\partial \rho_e}\overline{\boldsymbol{Y}}+\frac{\partial \boldsymbol{Y}^{\mathrm{R}}}{\partial \rho_e}\left(\frac{\partial g}{\partial \boldsymbol{Y}^{\mathrm{R}}}+\boldsymbol{\mu}_1^{\mathrm{T}}\boldsymbol{W}+\boldsymbol{\mu}_2^{\mathrm{T}}\overline{\boldsymbol{W}}\right)+$$
$$\frac{\partial \boldsymbol{Y}^{\mathrm{I}}}{\partial \rho_e}\left(\frac{\partial g}{\partial \boldsymbol{Y}^{\mathrm{I}}}+\mathrm{i}\boldsymbol{\mu}_1^{\mathrm{T}}\boldsymbol{W}-\mathrm{i}\boldsymbol{\mu}_2^{\mathrm{T}}\overline{\boldsymbol{W}}\right) \tag{3.19}$$

设两个伴随向量分别满足

$$\boldsymbol{\mu}_1^{\mathrm{T}}\boldsymbol{W}=\frac{1}{2}\left(-\frac{\partial g}{\partial \boldsymbol{Y}^{\mathrm{R}}}+\mathrm{i}\frac{\partial g}{\partial \boldsymbol{Y}^{\mathrm{I}}}\right) \tag{3.20}$$

$$\boldsymbol{\mu}_2^{\mathrm{T}}\overline{\boldsymbol{W}}=\frac{1}{2}\left(-\frac{\partial g}{\partial \boldsymbol{Y}^{\mathrm{R}}}-\mathrm{i}\frac{\partial g}{\partial \boldsymbol{Y}^{\mathrm{I}}}\right) \tag{3.21}$$

比较式(3.20)与式(3.21)可以得到$\boldsymbol{\mu}_1=\overline{\boldsymbol{\mu}}_2$。求解式(3.20)可以确定伴随变量$\boldsymbol{\mu}_1$，目标函数对设计变量的导数可以表达为

$$\frac{\mathrm{d}g}{\mathrm{d}\rho_e}=2\mathrm{Re}\left[\boldsymbol{\mu}_1^{\mathrm{T}}\left(-\theta^2\frac{\partial \boldsymbol{M}}{\partial \rho_e}+\mathrm{i}\theta\frac{\partial \boldsymbol{C}}{\partial \rho_e}+\frac{\partial \boldsymbol{K}}{\partial \rho_e}\right)\boldsymbol{Y}\right]$$
$$=2\mathrm{Re}[\boldsymbol{\mu}_1^{\mathrm{T}}(-\theta^2\boldsymbol{M}_e^{\mathrm{d}}+\mathrm{i}\theta m_1\rho_e^{(m_1-1)}\boldsymbol{K}_e^{\mathrm{d}}+\mathrm{i}\theta m_2\rho_e^{(m_2-1)}\boldsymbol{M}_e^{\mathrm{d}}+$$
$$m_1\rho_e^{(m_1-1)}\boldsymbol{K}_e^{\mathrm{d}})\boldsymbol{Y}] \tag{3.22}$$

在本章中，目标函数取为参考点声压的模$g\stackrel{\triangle}{=}\|p_r\|$，其对结构振幅的实部和虚部的导数$\partial\|p_r\|/\partial\boldsymbol{Y}^{\mathrm{R}}$和$\partial\|p_r\|/\partial\boldsymbol{Y}^{\mathrm{I}}$分别为

$$\frac{\partial\|p_r\|}{\partial \boldsymbol{Y}^{\mathrm{R}}}=\frac{\partial\sqrt{\mathrm{Re}[p(r)]^2+\mathrm{Im}[p(r)]^2}}{\partial \boldsymbol{Y}^{\mathrm{R}}}$$
$$=\frac{\mathrm{Re}[p(r)]}{\|p_r\|}\frac{\partial \mathrm{Re}[p(r)]}{\partial \boldsymbol{Y}^{\mathrm{R}}}+\frac{\mathrm{Im}[p(r)]}{\|p_r\|}\frac{\partial \mathrm{Im}[p(r)]}{\partial \boldsymbol{Y}^{\mathrm{R}}}$$
$$=\frac{1}{\|p_r\|}\left\{\mathrm{Re}[p(r)]\frac{\partial \mathrm{Re}(-\mathrm{i}\omega\boldsymbol{z}_r\boldsymbol{N}_{\mathrm{s}}\boldsymbol{Y})}{\partial \boldsymbol{Y}^{\mathrm{R}}}+\mathrm{Im}[p(r)]\frac{\partial \mathrm{Im}(-\mathrm{i}\omega\boldsymbol{z}_r\boldsymbol{N}_{\mathrm{s}}\boldsymbol{Y})}{\partial \boldsymbol{Y}^{\mathrm{R}}}\right\}$$
$$=\frac{1}{\|p_r\|}\{\mathrm{Re}[p(r)][\mathrm{Re}(-\mathrm{i}\omega\boldsymbol{z}_r\boldsymbol{N}_{\mathrm{s}})^{\mathrm{T}}]+\mathrm{Im}[p(r)][\mathrm{Im}(-\mathrm{i}\omega\boldsymbol{z}_r\boldsymbol{N}_{\mathrm{s}})^{\mathrm{T}}]\}$$
$$\tag{3.23}$$

$$\frac{\partial \| p_r \|}{\partial \boldsymbol{Y}^{\mathrm{I}}} = \frac{\partial \sqrt{\mathrm{Re}[p(r)]^2 + \mathrm{Im}[p(r)]^2}}{\partial \boldsymbol{Y}^{\mathrm{I}}}$$
$$= \frac{1}{\| p_r \|}\left\{\mathrm{Re}[p(r)]\frac{\partial \mathrm{Re}(-\mathrm{i}\omega \boldsymbol{z}_r \boldsymbol{N}_{\mathrm{s}} \boldsymbol{Y})}{\partial \boldsymbol{Y}^{\mathrm{I}}} + \mathrm{Im}[p(r)]\frac{\partial \mathrm{Im}(-\mathrm{i}\omega \boldsymbol{z}_r \boldsymbol{N}_{\mathrm{s}} \boldsymbol{Y})}{\partial \boldsymbol{Y}^{\mathrm{I}}}\right\}$$
$$= \frac{1}{\| p_r \|}\{\mathrm{Re}[p(r)][\mathrm{Re}(\omega \boldsymbol{z}_r \boldsymbol{N}_{\mathrm{s}})^{\mathrm{T}}] + \mathrm{Im}[p(r)][\mathrm{Im}(\omega \boldsymbol{z}_r \boldsymbol{N}_{\mathrm{s}})^{\mathrm{T}}]\} \tag{3.24}$$

式中，$\boldsymbol{Y}^{\mathrm{R}}$ 和 $\boldsymbol{Y}^{\mathrm{I}}$ 分别为结构复振幅 $\boldsymbol{Y}$ 的实部和虚部。

将式(3.23)和式(3.24)代入式(3.22)，可以得到目标函数 $\| p_r \|$ 对设计变量的导数为

$$\frac{\mathrm{d}\| p_r \|}{\mathrm{d}\rho_e} = \mathrm{Re}(\boldsymbol{W}^{-1}\{\mathrm{Re}(p_r)[\mathrm{Re}(\mathrm{i}\Delta_{\mathrm{B}})^{\mathrm{T}} + \mathrm{i}\mathrm{Re}(\Delta_{\mathrm{B}})^{\mathrm{T}}] +$$
$$\mathrm{Im}(p_r)[\mathrm{Im}(\mathrm{i}\Delta_{\mathrm{B}})^{\mathrm{T}} + \mathrm{i}\mathrm{Im}(\Delta_{\mathrm{B}})^{\mathrm{T}}]\}(-\theta^2 \boldsymbol{M}_{\mathrm{e}}^{\mathrm{d}} +$$
$$\mathrm{i}\theta m_1 \rho_e^{(m_1-1)} \boldsymbol{K}_e^{\mathrm{d}} + \mathrm{i}\theta m_2 \rho_e^{(m_2-1)} \boldsymbol{M}_e^{\mathrm{d}} + m_1 \rho_e^{(m_1-1)} \boldsymbol{K}_e^{\mathrm{d}})\boldsymbol{Y})/\| P_r \| \tag{3.25}$$

式中，$\Delta_{\mathrm{B}} = \omega \boldsymbol{z}_r \boldsymbol{N}_{\mathrm{s}}$。

3.2.3 优化流程

本章采用了移动渐近线方法(MMA)求解优化问题，拓扑优化流程如图 3.4 所示。在优化的初始步中，设计变量 $\rho_e(e=1,2,\cdots,N_e)$ 被设定为体积分数约束 f_{v}。同时，对于式(3.15)中的 $\boldsymbol{z}_{\mathrm{r}}$ 项，因其在优化过程中不再改变，所以也需要在优化初始步进行计算。在优化过程中，要对无阻尼系统进行特征值分析，并利用得到的前 n_{d} 特征向量对结构动力学方程进行降阶。在状态空间下，对降阶系统进行复特征值分析，得到状态空间下的广义位移，进而求得原有动力学系统的振幅和法向速度。进一步，利用边界单元法求解指定参考点位置的声压。利用声压幅值对设计变量的灵敏度信

息，使用MMA求解器对设计变量进行迭代。优化过程反复迭代直至两个迭代步之间的相对偏差 $\|(f_{new}-f_{old})/f_{old}\|$ 小于某一指定数值，则认为优化收敛停止迭代。

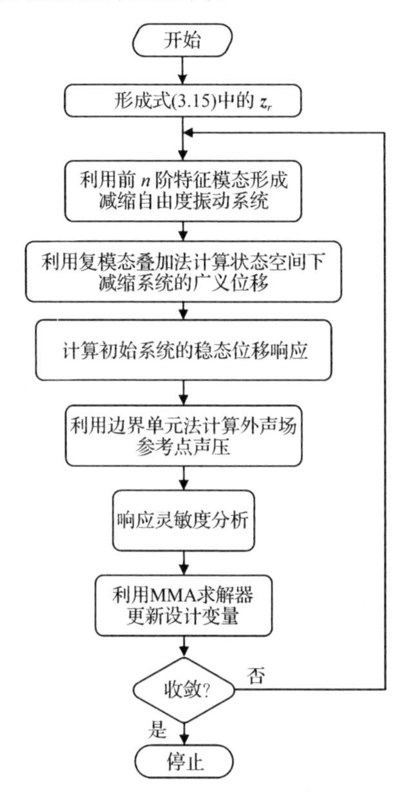

图 3.4 拓扑优化流程

Fig. 3.4 Flowchart of the iterative solution procedure

3.3 阻尼材料声辐射优化案例

在这一节，将给出一些数值算例以证明所提拓扑优化方法和

灵敏度分析的准确性。在所有的算例中都采用了 4 节点 Mindlin 壳单元对振动结构进行有限单元离散，在声场分析中采用了 4 节点边界单元。这里考虑到阻尼材料的杨氏模量和基体材料相比有着量级上的差距，因此结构由阻尼材料布局不均而产生的偏心效应忽略不计。所有优化算例中，若两次迭代之间的目标函数差 $\|(f_{\text{new}}-f_{\text{old}})/f_{\text{old}}\|$ 小于 1×10^{-4}，则认为优化收敛。

在给出优化算例前，首先考虑一个均匀的脉冲球声辐射算例以验证本书编写的边界单元程序的准确性。脉冲球半径为 0.5 m，整个球表面有 0.02 m/s 的法向速度，目标参考点距离球心 20 m。脉冲球表面划分为 384 个 4 节点边界单元，共 386 个节点，脉冲球边界单元划分如图 3.5(a)所示。这一问题中，任意一点声压的解析解为 $p(r)=[r_0^2\text{i}k\rho v_{\text{n}}/r(1+\text{i}kr_0)]\text{e}^{-\text{i}k(r-r_0)}$，不同载荷频率下本书程序计算的声压与解析解声压比较如图 3.5(b)所示，可以发现本书方法与解析解能够很好地吻合。

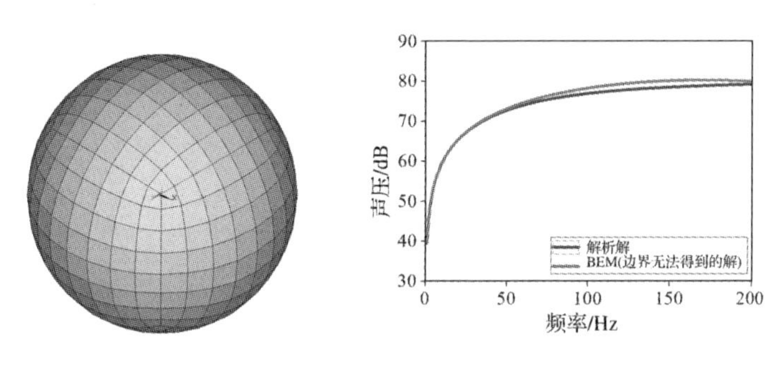

(a)边界单元划分　　(b)边界单元分析与解析解声压扫频曲线比较

图 3.5　脉冲球声辐射分析

Fig. 3.5　Sound radiation analysis of a pulsating sphere

3.3.1 四边固支方板阻尼材料层的拓扑优化

考虑如图 3.6 所示的放置在空气介质中的四边固支方板附加阻尼层的拓扑优化问题，其几何尺寸为 $a=3$ m，$t_b=t_d=0.02$ m。板的中心受到一个简谐集中载荷 $f(t)=Fe^{i\omega t}$（$F=1\times10^4$ N，$\omega=2\pi f_p$，$f_p=70$ Hz）。其中基体材料层（铝）的材料属性为杨氏模量 $E^b=6.9\times10^{10}$ N/m^2，泊松比 $v^b=0.3$，密度 $\rho^b=2\ 700$ kg/m^3，而阻尼材料层（橡胶）的属性为 $E^d=2.2\times10^8$ N/m^2，$v^d=0.49$，$\rho^d=980$ kg/m^3。在本算例中，阻尼材料的阻尼系数取为 $\alpha_0^d=0.5$ 和 $\beta_0^d=0.1$。设计域划分为（60×60）个 Mindlin 壳单元，共计 $n=18\ 605$ 个自由度。由于在使用边界单元法时板结构并非一个封闭结构，在计算板结构声辐射时，需要对板上、下层分别划分边界单元，并忽略板边缘的小面，仍然可以将其构造为一个封闭结构。利用这一办法，在振动方板的上、下表面布置 7 200 个大小均一的方形边界单元。

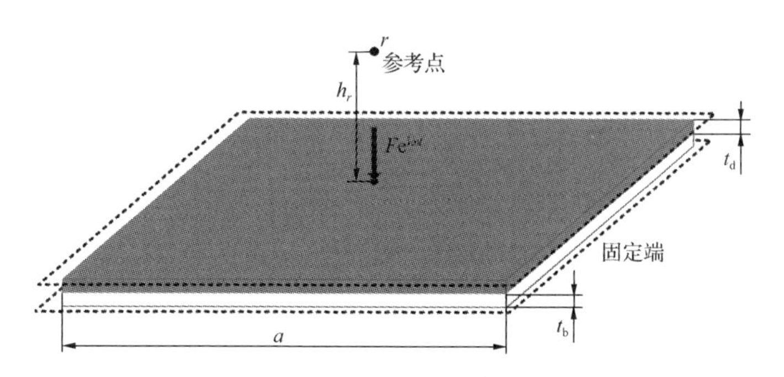

图 3.6 简谐激励下的四边固支方板

Fig. 3.6 A four-edge clamped square plate subject to a harmonic load

首先，对本章所提振动响应的计算方法进行验证。这里，所有单元的相对密度都取为0.5。我们分别选取结构的前10阶、20阶、40阶特征向量进行振动响应分析，方板对称轴上所有节点的振幅值如图3.7所示，作为比较，同时利用直接对系统动刚度阵求逆的方法求解同样位置的振幅，也在图3.7中给出。结果表明现有求解方法所求得的振幅响应值与直接求逆法的结果十分吻合，并且所取特征向量阶数越多，响应计算结果与直接法越接近。同时需要指出的是，本章所提方法的计算耗时和内存需求都远小于直接求逆法。

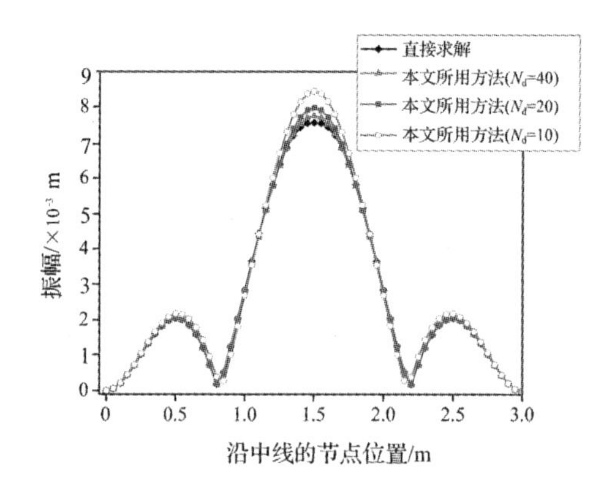

图3.7 不同求解方法所求的振幅响应的比较

Fig. 3.7 Comparison of amplitude response by different methods

进一步，对参考点声压幅值对设计变量的灵敏度进行验证，利用本章方法和有限差分法(1%的摄动值)计算目标函数的灵敏度，其计算结果如图3.8所示。结果表明本章方法的灵敏度计算结果与有限差分法十分吻合，最大差距仅有0.5%。

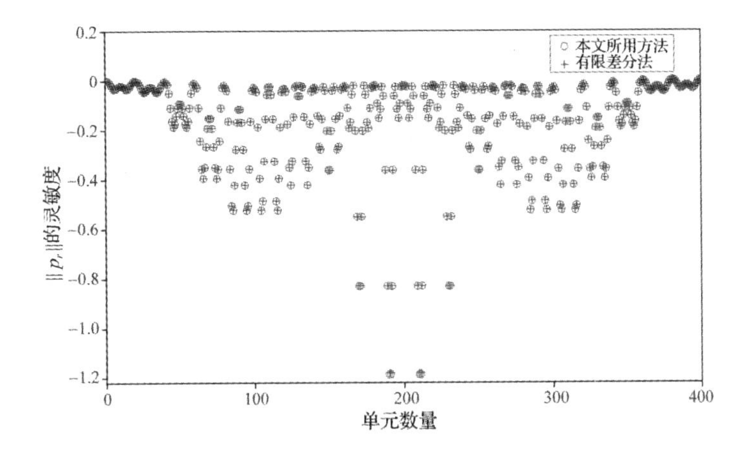

图 3.8　参考点声压幅值灵敏度

Fig. 3.8　Sensitivities of the norm of sound pressure at the reference point

接下来，考虑同样的四边固支方板的拓扑优化问题。其中，最大允许的阻尼材料体积为 $f_v=0.5$，并且所有设计变量在初始设计中都取为 $\rho_e=0.5(e=1,2,\cdots,3\ 600)$。目标函数取为方板中心上方 1 m 处的参考点声压的模。优化程序在 28 步之后收敛，目标函数和体积分数的迭代历史如图 3.9 所示，可以发现目标函数在优化过程中稳步减小直至收敛，参考点的声压从初始设计的 375.59 Pa 减小到最优设计的 101.17 Pa。初始设计和优化设计中阻尼材料布局、结构振幅云图和结构表面声压如图 3.10 所示。从图 3.10(g)和图 3.10(h)可以发现，随着结构法向振幅的减小，结构表面声压也明显减小。

作为比较，考虑均匀铺设阻尼材料的同一方板，其阻尼材料层

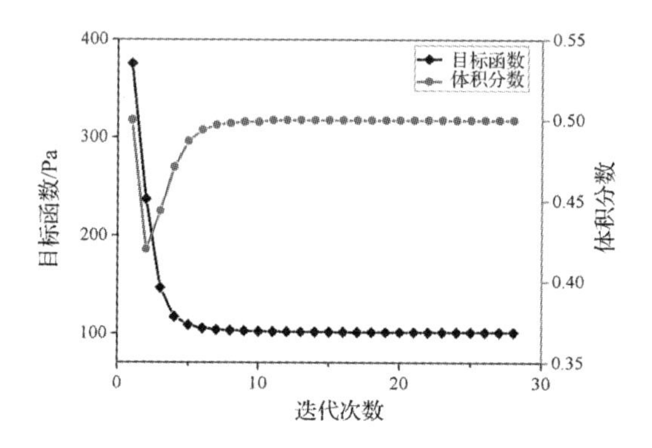

图 3.9　目标函数和体积分数的迭代历史

Fig. 3.9　Iteration histories of objective function value and volume fraction ratio

的厚度为原有设计的一半。在这种情况下，声压的模为 288.58 Pa，远大于本书所得的优化解。该设计下的结构振幅云图和表面声压幅值云图如图 3.11 所示，与图 3.10(f)和图 3.10(h)相比，可以明显发现，优化解的结构振幅和表面声压都优于参考设计。

为了进一步地分析和比较，将初始设计和优化设计的固有频率在表 3.1 中给出，目标函数的扫频结果如图 3.12 所示。表 3.1 表明优化设计的各阶固有频率都低于初始设计，这是因为与初始设计相比，优化设计中阻尼材料分布更加集中，从而影响了结构的固有频率。从图 3.12 可以看出，优化后几乎在所有频率下参考点声压幅值都明显低于初始设计，并且频率带内声压峰值大幅减小。

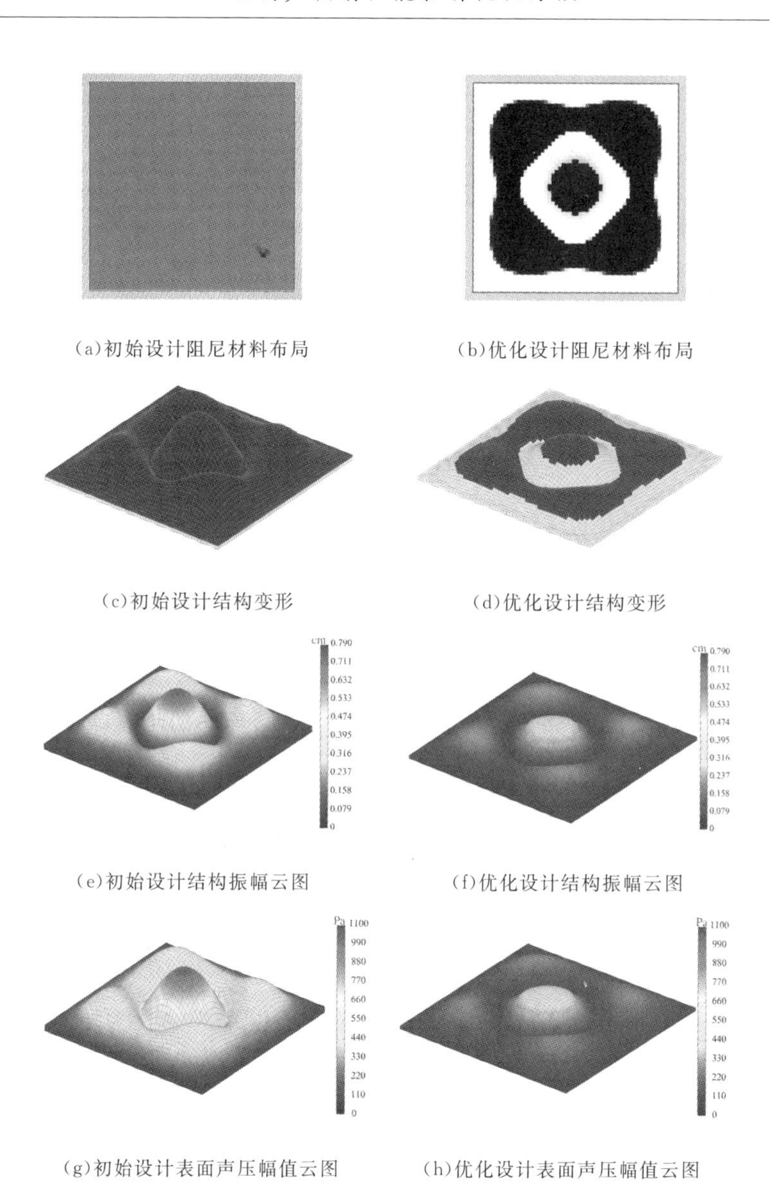

(a)初始设计阻尼材料布局　　(b)优化设计阻尼材料布局

(c)初始设计结构变形　　(d)优化设计结构变形

(e)初始设计结构振幅云图　　(f)优化设计结构振幅云图

(g)初始设计表面声压幅值云图　　(h)优化设计表面声压幅值云图

图 3.10　四边固支方板的初始设计和优化设计的比较

Fig. 3.10　Comparison of initial design and final topology optimization result for a four-edge clamped square plate

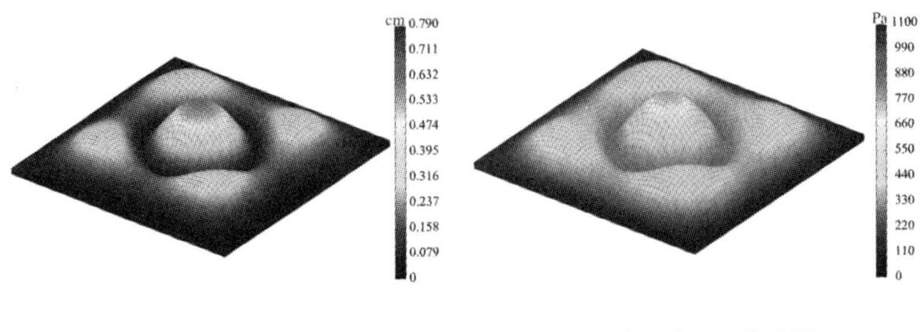

(a)结构振幅云图　　(b)表面声压幅值云图

图 3.11　半厚度阻尼材料四边固支方板分析结果

Fig. 3.11　Analysis results of the four-edge clamped square plate with a damping layer of half thickness

表 3.1　初始设计和优化设计的固有频率比较

Tab. 3.1　Comparisons of natural frequency of the initial and optimal design

阶数	初始设计的固有频率/Hz	优化设计的固有频率/Hz
1	18.95	18.61
2	37.09	36.32
3	37.09	36.32
4	54.25	51.77
5	54.25	62.37
6	66.26	64.61
7	82.47	79.12
8	82.47	79.12
9	105.46	102.24
10	105.46	102.24
11	109.80	105.11
12	121.05	115.00
13	121.05	119.24
14	147.89	141.74
15	147.89	141.74

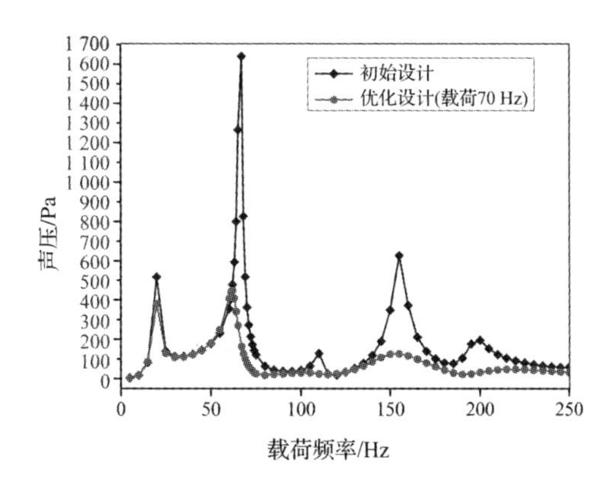

图 3.12 初始设计和优化设计声压扫频曲线比较

Fig. 3.12 Comparison of the norm of sound pressure under different excitation frequencies for the initial and the optimal design

3.3.2 影响拓扑优化解的因素

在接下来的算例中，仍然选取与上节相同的四边固支方板进行优化，这里重点研究不同载荷频率、阻尼系数、参考点位置对拓扑优化结果的影响。

(1)载荷频率对优化结果的影响

首先，讨论载荷频率对阻尼材料最优布局的影响。这里将阻尼层的阻尼系数固定为 $\alpha_0^d=0.5$ 和 $\beta_0^d=0.01$，考虑 9 种不同的载荷频率，分别为 $f_p=20$ Hz，50 Hz，70 Hz，160 Hz，175 Hz，200 Hz，240 Hz，350 Hz，400 Hz。参考点位于板中心上方 1 m 处($h_r=1$ m)。不同载荷频率下阻尼材料的最优布局如图 3.13 所示。可以看出，当载荷频率增大时，阻尼材料的最优布局变得越来越复杂。这是因为结构受到高频率激励将激起更多的高阶振动模态，阻尼材料需要分布在不同的局部以抑制结构局部的振动和表面声压特性。

选取 20 Hz 和 70 Hz 下的两个优化设计[图 3.13(a)和图 3.13(c)]与结构的初始设计进行比较，图 3.14 给出了 3 种设计的声压幅值扫频曲线，可以发现不同频率下的优化设计在其相应的载荷频率附近具有最优越的声辐射性能。

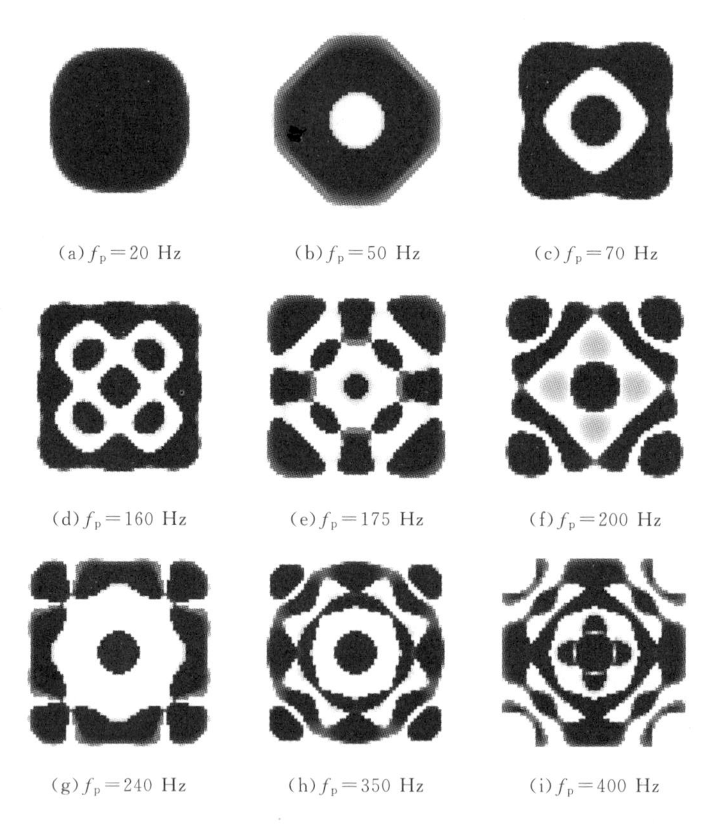

(a) $f_p=20$ Hz　(b) $f_p=50$ Hz　(c) $f_p=70$ Hz

(d) $f_p=160$ Hz　(e) $f_p=175$ Hz　(f) $f_p=200$ Hz

(g) $f_p=240$ Hz　(h) $f_p=350$ Hz　(i) $f_p=400$ Hz

图 3.13　不同载荷频率下阻尼材料的最优布局

Fig. 3.13　Optimization results obtained under different excitation frequencies

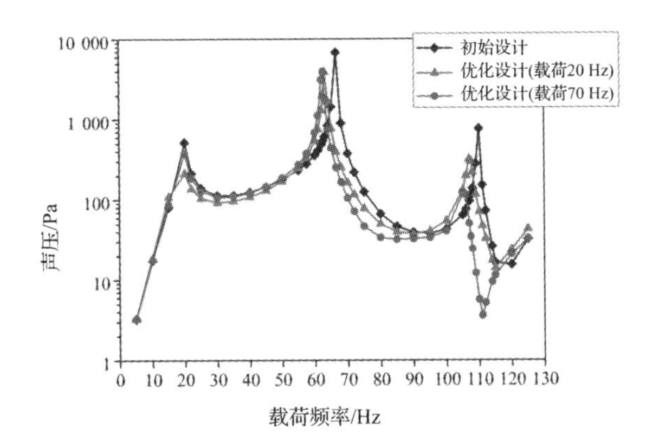

图 3.14　初始设计与优化设计声压幅值扫频曲线比较

Fig. 3.14　Comparison of the norm of sound pressure under different exciation frequencies for the initial and optimal design

(2)阻尼系数对优化结果的影响

接下来讨论阻尼系数对优化结果的影响。在本例中,载荷频率固定为选取 $f_p=200$ Hz,参考点位于板中心上方 1 m 处($h_r=1$ m),选取 5 组不同的阻尼系数 $\alpha_0^d=\beta_0^d=0.01,10,200,500,1\ 000$ 进行比较。5 种不同阻尼系数下阻尼材料的最优布局分别如图 3.15(b)～图 3.15(f)所示,作为比较无阻尼系数情况下(阻尼材料层的刚度和质量效应依然考虑)的最优布局($\alpha_0^d=\beta_0^d=0$)在图 3.15 (a) 中给出。可以发现,当阻尼系数较小($0\leqslant\alpha_0^d\leqslant200,0\leqslant\beta_0^d\leqslant200$)时,阻尼材料的最优布局随阻尼系数的增长发生了显著的改变;然而,当阻尼系数持续增大,最优布局变化则不再明显。这是因为当阻尼系数足够大时,阻尼材料层的刚度和质量影响变为影响最优布局的次要因素,此时优化问题的最优解取决于结构阻尼效应的最优布局。

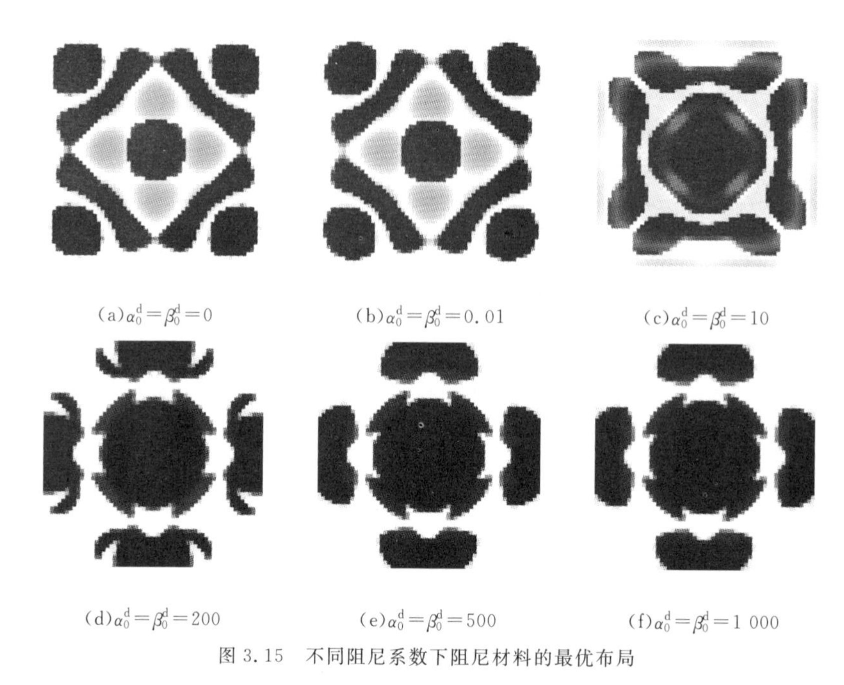

图 3.15 不同阻尼系数下阻尼材料的最优布局

Fig. 3.15 Optimization results obtained under different damping coefficients

为了进一步验证上述现象，考虑在大阻尼情况下 $\alpha_0^d=\beta_0^d=500$，结构阻尼材料层在不同载荷频率下的最优解。在 4 种不同载荷频率下($f_p=50$ Hz，100 Hz，200 Hz，300 Hz)，优化结果如图 3.16 所示，可以发现不同频率下得到的优化结果没有明显的变化，并且和静力加载情况下 Mindlin 板的最小柔顺性优化结果十分相似。这是因为当结构阻尼较大时，它将对高阶振动模态有显著的削弱，因此结构所呈现拓扑优化解往往就会和一阶模态十分相似(一阶模态与中心加载的静变形十分相似)。

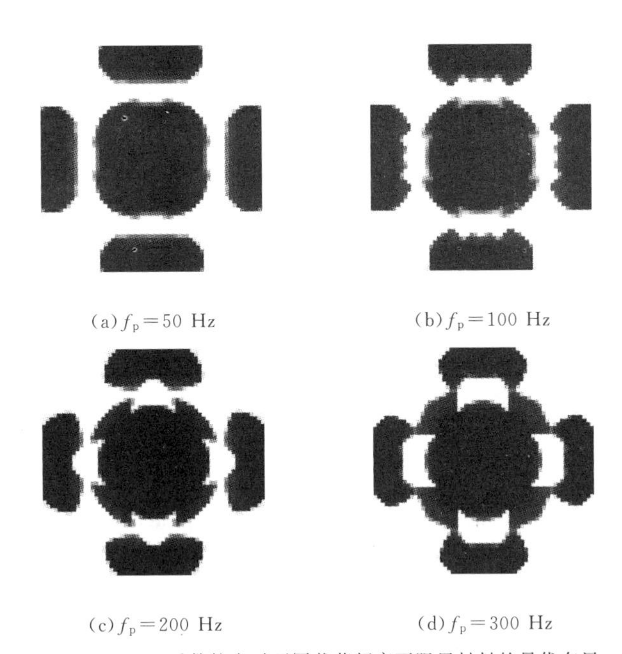

(a) $f_p=50$ Hz (b) $f_p=100$ Hz

(c) $f_p=200$ Hz (d) $f_p=300$ Hz

图 3.16 阻尼系数较大时不同载荷频率下阻尼材料的最优布局

Fig. 3.16 Optimization results obtained under different excitation frequencies and large damping effects

(3)参考点位置对优化结果的影响

在接下来的算例中,考虑在载荷频率($f_p=70$ Hz)和阻尼系数($\alpha_0^d=0.5,\beta_0^d=0.01$)固定的情况下,参考点的位置对优化结果的影响。图 3.17 给出 6 个不同位置的参考点,其对应的优化解如图 3.18 所示。从图 3.18(a)～图 3.18(c)中可以看出,当参考点距振动结构较远时,拓扑优化结果对参考点的位置变化并不敏感,此时结构声辐射优化的结果与结构动柔度优化结果相似。然而,从图 3.18(d)～图 3.18(f)中可以发现,当参考点位置在法向方向靠近振动结构时,参考点在平面内的移动会显著影响拓扑优化的结果。

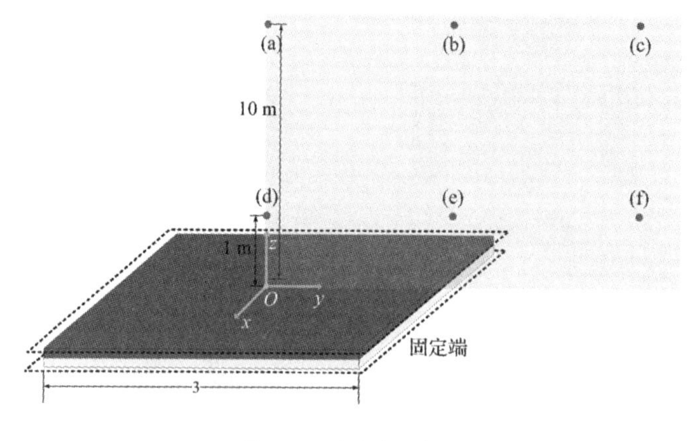

图 3.17　参考点的位置

Fig. 3.17　Locations of reference points

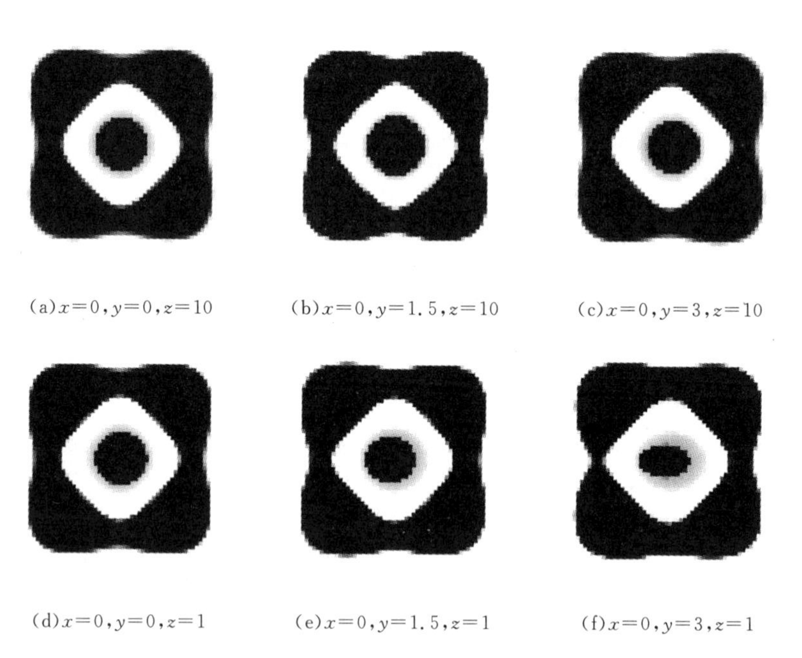

(a) $x=0, y=0, z=10$　(b) $x=0, y=1.5, z=10$　(c) $x=0, y=3, z=10$

(d) $x=0, y=0, z=1$　(e) $x=0, y=1.5, z=1$　(f) $x=0, y=3, z=1$

图 3.18　不同参考点位置下的优化解

Fig. 3.18　Optimization results under different reference point positions

3.3.3 方盒结构阻尼材料优化算例

在本节中，考虑如图 3.19 所示的方盒阻尼材料最优布局问题。方盒的几何尺寸为 $a=0.4$ m，$b=0.6$ m，$h=1.6$ m，基体材料层和阻尼材料层的厚度都为 0.02 m。参考点位于盒体结构前表面前方 1.6 m 处。基体材料的材料常数为 $E^{b}=6.9\times10^{10}$ N/m^2，$v^{b}=0.3$，$\rho^{b}=2\ 700$ kg/m^3，阻尼材料的材料常数为 $E^{d}=2.2\times10^{8}$ N/m^2，$v^{d}=0.49$，$\rho^{d}=980$ kg/m^3。阻尼材料层的阻尼系数为 $\alpha_0^{d}=0.5$，$\beta_0^{d}=1.0$。方盒底部固支，在后表面中心施加频率为 100 Hz 的简谐载荷，幅值为 $F=2\times10^{5}$ N。方盒划分为(20×30×80)个 4 节点 Mindlin 壳单元，共 $n=55\ 212$ 个自由度，在与有限单元网格重合处划分有相同的(20×30×80)个 4 节点平面边界单元。优化问题通过优化方盒结构前表面的阻尼材料拓扑布局以达到减小参考点声压幅值的目标，其中前表面阻尼材料提及体积分数 $f_{v}=0.5$。结构响应和灵敏度分析中考虑结构前 40 阶模态($n_{d}=40$)。

优化程序迭代 39 步后收敛，目标函数和体积分数的迭代历史如图 3.20 所示，可以看出目标参考点声压从初始设计中的 104.01 Pa 稳定地减小到优化设计中的 56.60 Pa。初始设计和优化设计的比较如图 3.21 所示。这里需要注意的是，在阻尼材料布局优化中起决定性作用的是结构表面法向振动速度，而并非结构的振幅。这一点将在下面进一步证明。

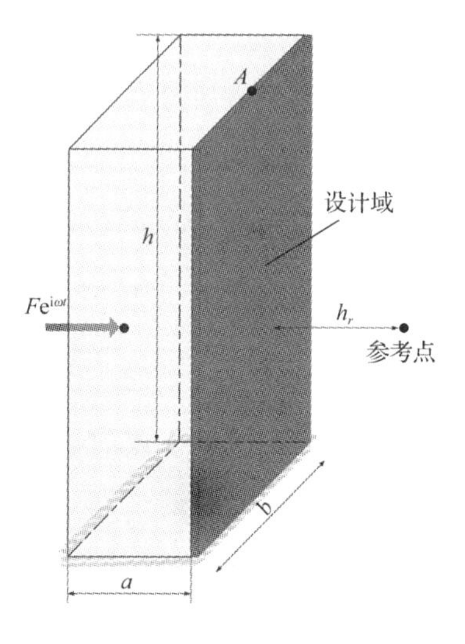

图 3.19 优化问题中所考虑的方盒

Fig. 3.19 A square box considered in the optimization problem

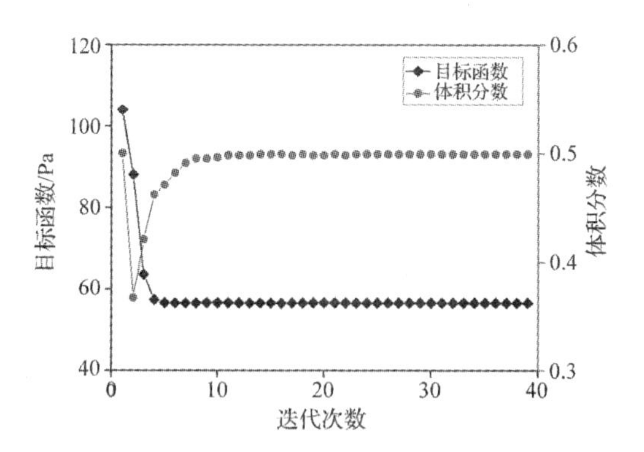

图 3.20 目标函数和体积分数的迭代历史

Fig. 3.20 Iteration histories of objective function value and volume fraction ratio

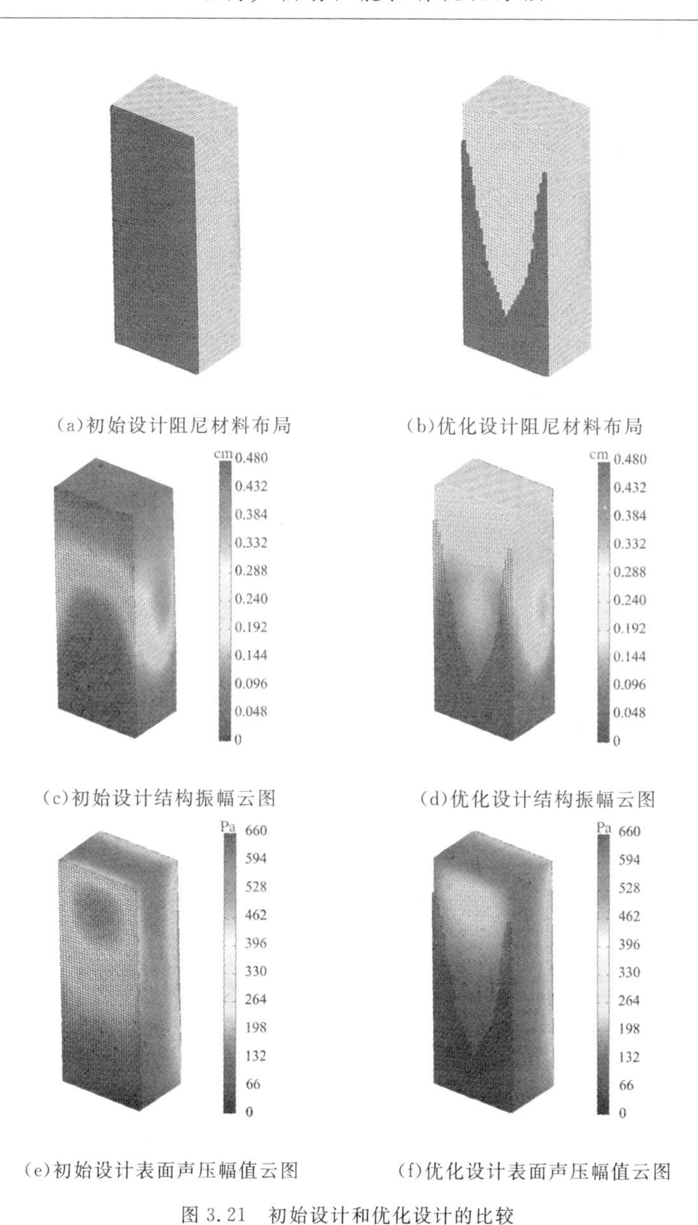

(a)初始设计阻尼材料布局　(b)优化设计阻尼材料布局

(c)初始设计结构振幅云图　(d)优化设计结构振幅云图

(e)初始设计表面声压幅值云图　(f)优化设计表面声压幅值云图

图 3.21　初始设计和优化设计的比较

Fig. 3.21　Comparison of initial design and optimization result

初始设计和优化设计声压幅值扫频曲线如图 3.22 所示。从图中可以发现,在 160～300 Hz 频率的载荷下,优化设计的声压幅值并未优于初始设计,这也是正常的。因为优化的目标函数是 100 Hz 载荷下参考点的声压幅值。为消除这一情况,在建立拓扑优化问题时,可将一个频率带范围内的响应作为目标函数,这一部分内容将在后边章节的算例中进行讨论。

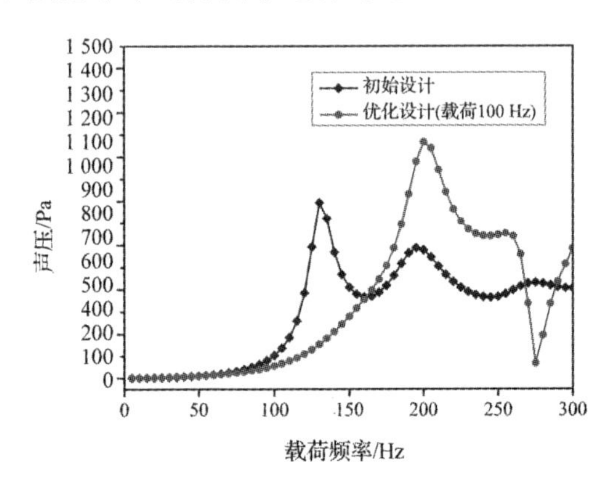

图 3.22 初始设计与优化设计声压幅值扫频曲线

Fig. 3.22 Comparison of the norm of sound pressure under different excitation frequencies for the initial and the optimal design

为进一步比较,同时给出以减小结构振幅为目标的阻尼材料拓扑优化算例,其中目标函数点取为图 3.19 中的 A 点,其阻尼材料最优布局和优化解结构振幅云图如图 3.23 所示。可以看出,考虑结构声辐射性能的优化解[3.21(b)]和考虑结构振动性能的优化解[图 3.23(a)]有着显著的区别。同时,通过比较图 3.21(d)和图 3.23(b)可以发现,两种优化解所对应的结构振动形式也有明显的不同。

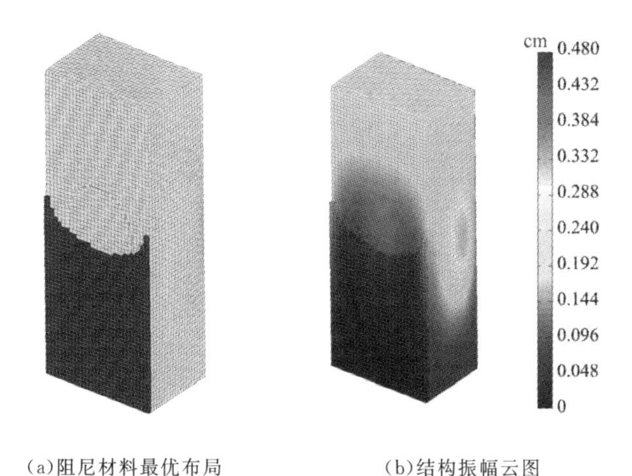

(a)阻尼材料最优布局　　(b)结构振幅云图

图 3.23　减振材料的优化设计

Fig. 3.23　Optimal design of damping material

4 压电智能减振结构拓扑优化方法

压电材料具有将作用在其上的应变能转换成电能的能力，并能在电场作用下产生相应的机械应变。利用这一性质，压电材料已经被广泛应用于各个领域，包括结构的静力/动力变形控制、超声换能器、微机电系统（MEMS）、压电俘能器等的研究中。在板梁结构的表面敷设压电材料层被认为是结构振动主动控制的一种有效方式。

压电材料的布局优化问题已经引起了国内外学者的广泛关注。多种优化方法，如遗传算法、粒子群算法及其他一些启发式算法均已成功应用于寻求压电作动器的最优尺寸和布局的研究中。另外，越来越多的学者使用拓扑优化的手段对压电材料的布局进行优化。其中，Kögl 和 Silva 在压电作动器布局优化中引入了同时惩罚压电材料属性和极化方向的压电材料惩罚模型。Carbonari 等研究了以在某一特定方向位移最大为目标函数的压电材料的最优拓扑布局问题。亢战等和 Luo 等利用了多相材料模型研究了内嵌压电材料块的柔性机构的压电材料最优拓扑布局问题。亢战和

Tong 在研究利用压电材料进行结构静变形控制时，引入同时优化压电材料层和控制电压分布的联合优化方法。

上述研究工作主要致力于压电智能结构静变形控制的拓扑优化问题，然而在实际应用中，压电智能结构更多地应用于结构振动的主动控制。由于结构振动的主动控制将带来附加的与结构固有模态无关的主动阻尼，给结构振动求解和结构优化迭代的稳定性带来了挑战，所以目前还没有使用梯度的优化方法研究主动控制下的压电材料最优拓扑布局的相关工作，本章的研究重点正是解决这一问题。

本章主要研究以减小结构在简谐激励下动柔度为目标的压电传感器层和作动器层的联合拓扑优化问题，在压电主动控制中使用了基于速度负反馈的控制算法(CGVF)。在优化中，既考虑了在指定载荷频率下的以结构动柔度响应为目标的拓扑优化问题，也考虑了在某一指定频率带内以结构动柔度的凝聚函数为目标的拓扑优化问题，并基于伴随变量法推导了目标函数的灵敏度。通过数值算例验证了本章所提方法的准确性和有效性，并对影响优化结果的主要因素进行了讨论。

4.1 压电智能结构有限单元模型

本章主要研究平板结构在简谐激励下表面的压电材料最优拓扑布局问题。压电作动器层和压电传感器层分别附着在基体材料层的上表面和下表面，如图 4.1 所示。其中，压电作动器层和压电传感器层具有相同的拓扑布局但具有相反的压电材料极化方向，并且本书考虑的是压电传感器和压电作动器在同一位置的独立反馈。

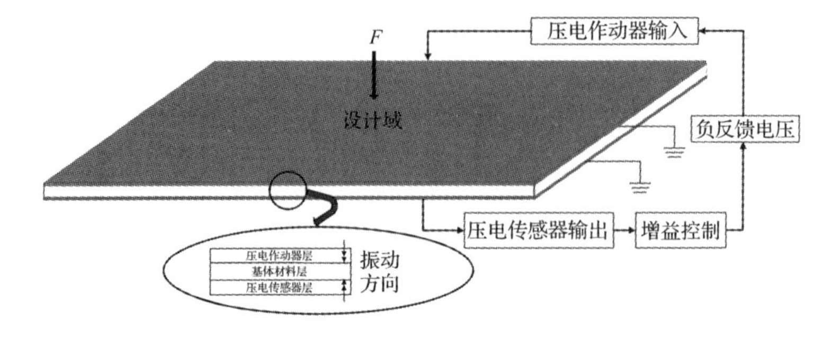

图 4.1　压电传感器层和压电作动器层的拓扑优化

Fig. 4.1　Topology optimization for the actuator layer and sensor layer of piezoelectric plates

4.1.1　压电材料层合板本构关系

在本章中,结构的基体材料层、压电传感器层和压电作动器层均被认为是具有线弹性力学性质的材料。因此,可以给出结构基体材料层的本构关系为

$$\boldsymbol{T}=\boldsymbol{C}^{\mathrm{H}}\boldsymbol{S} \tag{4.1}$$

而压电材料层的本构关系为

$$\boldsymbol{T}=\boldsymbol{C}^{\mathrm{E}}\boldsymbol{S}-\boldsymbol{e}^{\mathrm{T}}\boldsymbol{E} \tag{4.2}$$

式(4.1)和式(4.2)中,$\boldsymbol{T}$ 和 $\boldsymbol{S}$ 分别为应力和应变向量;$\boldsymbol{C}^{\mathrm{H}}$ 和 $\boldsymbol{C}^{\mathrm{E}}$ 分别为基体材料层和压电材料层的弹性矩阵;$\boldsymbol{e}$ 为压电系数矩阵;$\boldsymbol{E}$ 为外加电场向量。

基于 Mindlin 板理论和小变形假设,结构任意一点(x,y,z)在 t 时刻的位移可以表示为

$$u(x,y,z,t)=u_0(x,y,t)-z\theta_x(x,y,t)$$
$$v(x,y,z,t)=v_0(x,y,t)-z\theta_y(x,y,t)$$
$$w(x,y,z,t)=w_0(x,y,t) \tag{4.3}$$

式中，u,v,w 分别为沿 x 轴、y 轴、z 轴的位移分量；u_0,v_0,w_0 分别为中面（$z=0$）在 3 个轴的位移分量；θ_x 和 θ_y 分别为绕 x 轴和 y 轴的转角。

在本章中，假设电势沿压电作动器层和压电传感器层的厚度方向线性变化，压电作动器层中的电压 $\boldsymbol{\Phi}$ 可以表示为

$$\boldsymbol{\Phi}=(\Phi^1 \quad \Phi^2 \quad \cdots \quad \Phi^{N_e})^{\mathrm{T}} \tag{4.4}$$

式中，N_e 为压电作动器的总个数；$\Phi^i(i=1,2,\cdots,N_e)$ 为第 i 个压电作动器的作动电压值。

在对压电层合板主动控制的实际应用中，只在厚度方向施加作动电压，因此第 i 个压电作动器中的电场向量 $\boldsymbol{E}^i(i=1,2,\cdots,N_e)$ 可以由施加在该压电作动器上的电压 $\boldsymbol{\Phi}$ 表示为

$$\boldsymbol{E}^i=\left(0 \quad 0 \quad -\frac{\boldsymbol{\Phi}^i}{h}\right)^{\mathrm{T}} \quad (i=1,2,\cdots,N_e) \tag{4.5}$$

式中，h 为压电作动器层的厚度。

4.1.2 压电材料层合板振动方程

考虑给定压电材料用量下压电作动器和压电传感器的最优布局问题。基于有限单元离散的压电层合板振动方程为

$$\boldsymbol{M}\ddot{\boldsymbol{x}}(t)+\boldsymbol{C}\dot{\boldsymbol{x}}(t)+\boldsymbol{K}\boldsymbol{x}(t)=\boldsymbol{f}(t)+\boldsymbol{f}_{\mathrm{a}}(t) \tag{4.6}$$

式中，$\boldsymbol{M}\in\boldsymbol{R}^{n\times n}$，$\boldsymbol{C}\in\boldsymbol{R}^{n\times n}$，$\boldsymbol{K}\in\boldsymbol{R}^{n\times n}$（$n$ 为系统的自由度总数）分别为结构整体质量矩阵、阻尼矩阵和刚度矩阵；$\boldsymbol{f}(t)=\boldsymbol{F}\mathrm{e}^{\mathrm{i}\omega t}$ 为外加简谐

激励，其频率和幅值分别用 θ 和 $\boldsymbol{F}$ 表示；$\boldsymbol{x}(t)\in\boldsymbol{R}^{n\times l}$，$\dot{\boldsymbol{x}}(t)\in\boldsymbol{R}^{n\times l}$，$\ddot{\boldsymbol{x}}(t)\in\boldsymbol{R}^{n\times l}$分别为随时间变化的位移、速度、加速度向量；压电作动器提供的作动载荷向量 $\boldsymbol{f}_{\mathrm{a}}(t)$可以进一步地表示为

$$\boldsymbol{f}_{\mathrm{a}}(t)=\boldsymbol{K}_{\mathrm{u}\Phi}\boldsymbol{\Phi}_{\mathrm{a}}(t) \tag{4.7}$$

式中，$\boldsymbol{\Phi}_{\mathrm{a}}(t)$为压电作动器电压向量，其大小依赖于压电传感器电压 $\boldsymbol{\Phi}_{\mathrm{s}}(t)$及相关的控制方法，其具体计算方法将在后文详细叙述；$\boldsymbol{K}_{\mathrm{u}\Phi}$为压电材料的电力耦合矩阵，可以进一步地表示为

$$\boldsymbol{K}_{\mathrm{u}\Phi}=\int_{\Omega}\boldsymbol{B}_{\mathrm{u}}^{\mathrm{T}}\boldsymbol{e}^{\mathrm{T}}\boldsymbol{B}_{\Phi}\mathrm{d}\Omega \tag{4.8}$$

式中，$\boldsymbol{B}_{\mathrm{u}}$ 为应变-位移矩阵；$\boldsymbol{B}_{\Phi}$ 为电场-作动电压关系矩阵。它们均只依赖于压电作动器层的几何特征。

4.2 基于速度负反馈的主动控制模型

在本章中，将每一个压电传感器单元取作一个独立的压电传感器元件。因此，对于第 i 个压电传感器元件的输出电荷 Q^i 可以表达为电位移 $D_3=e_{31}S_1+e_{32}S_2+e_{34}S_4+e_{35}S_5+e_{36}S_6$ 在压电元件厚度方向上的积分，即

$$Q^i(t)=\frac{1}{2}\int_{A_{\mathrm{s}}^{i+}+A_{\mathrm{s}}^{i-}}D_3\mathrm{d}A \tag{4.9}$$

式中，A_{s}^{i+} 和 A_{s}^{i-} 分别为第 i 个压电传感器元件的上、下表面。进而将式(4.9)改写为矩阵形式，即

$$Q^i(t)=\boldsymbol{K}_{\Phi\mathrm{u}}^{i}\boldsymbol{x}^i(t) \tag{4.10}$$

式中，$\boldsymbol{K}_{\Phi\mathrm{u}}^{i}$ 为矩阵 $\boldsymbol{K}_{\Phi\mathrm{u}}$ 第 i 行，它表示第 i 个压电传感器元件的力电耦合效应，其表达式为

$$\boldsymbol{K}_{\Phi\mathrm{u}}^{i} = \int_{\Omega_i} \boldsymbol{B}_{\Phi}^{\mathrm{T}} \boldsymbol{e} \boldsymbol{B}_{\mathrm{u}} \mathrm{d}\Omega \tag{4.11}$$

第 i 个压电传感器元件的输出电荷 $Q^i(t)$ 可以进一步地转化为压电传感器输出电压。第 i 个压电传感器的表面电荷可以表示为

$$i_{\mathrm{s}}^{i}(t) = \frac{\mathrm{d}Q^{i}(t)}{\mathrm{d}t} \tag{4.12}$$

进而通过电荷放大器，压电传感器电流被转换为压电传感器表面输出电压，即

$$\Phi_{\mathrm{s}}^{i}(t) = G_{\mathrm{s}}^{i} i_{\mathrm{s}}^{i}(t) = G_{\mathrm{s}}^{i} \boldsymbol{K}_{\Phi\mathrm{u}}^{i} \dot{\boldsymbol{x}}^{i}(t) \tag{4.13}$$

式中，G_{s}^{i} 为第 i 个压电传感器所连接的电荷放大器的增益系数。因此，所有压电传感器输出电压向量可以进一步地表达为

$$\boldsymbol{\Phi}_{\mathrm{s}}(t) = \boldsymbol{G}_{\mathrm{s}} \boldsymbol{K}_{\Phi\mathrm{u}} \dot{\boldsymbol{x}}(t) \tag{4.14}$$

式中，$\boldsymbol{G}_{\mathrm{s}} = \mathrm{diag}(G_{\mathrm{s}}^{1} \quad G_{\mathrm{s}}^{2} \quad \cdots \quad G_{\mathrm{s}}^{N_e})$ 为增益系数对角矩阵。

本章使用常系数速度负反馈方法(CGVF)，基于这一方法，压电作动器电压 $\Phi_{\mathrm{a}}(t)$ 可以由压电传感器输出电压 $\Phi_{\mathrm{s}}(t)$ 得到，即

$$\boldsymbol{\Phi}_{\mathrm{a}}(t) = -\boldsymbol{G}_{\mathrm{a}} \boldsymbol{\Phi}_{\mathrm{s}}(t) \tag{4.15}$$

式中，$\boldsymbol{G}_{\mathrm{a}}$ 为常数对角控制系数矩阵。将式(4.14)代入式(4.15)可以得到

$$\boldsymbol{\Phi}_{\mathrm{a}}(t) = -\boldsymbol{G}_{\mathrm{a}} \boldsymbol{G}_{\mathrm{s}} \boldsymbol{K}_{\Phi\mathrm{u}} \dot{\boldsymbol{x}}(t) \tag{4.16}$$

将式(4.16)和式(4.7)代入式(4.6)，可以将结构动力学方程改写为

$$\boldsymbol{M}\ddot{\boldsymbol{x}}(t) + (\boldsymbol{C} + \boldsymbol{C}_{\mathrm{A}})\dot{\boldsymbol{x}}(t) + \boldsymbol{K}\boldsymbol{x}(t) = \boldsymbol{f}(t) \tag{4.17}$$

式中，$\boldsymbol{C}_{\mathrm{A}}$ 为主动阻尼矩阵，其表达式为

$$\boldsymbol{C}_{\mathrm{A}} = \boldsymbol{K}_{\mathrm{u}\Phi} \boldsymbol{G}_{\mathrm{a}} \boldsymbol{G}_{\mathrm{s}} \boldsymbol{K}_{\Phi\mathrm{u}} \tag{4.18}$$

值得注意的是，主动阻尼矩阵 $\boldsymbol{C}_{\mathrm{A}}$ 是一个既不正定也不对称的

矩阵，因此结构整体的阻尼矩阵 $\boldsymbol{C}+\boldsymbol{C}_{\mathrm{A}}$ 依然不是一个正定矩阵。

显然，对于振动方程式(4.17)来说，其主动阻尼矩阵与结构刚度和质量矩阵没有直接的联系，因此式(4.17)中的动力系统显然是非比例阻尼系统。传统的模态叠加的方法并不能对这一方程进行解耦，因此要想求解这一动力学方程，依然要使用第2章所述的基于模态降阶的状态空间下的复模态叠加法。

4.3 拓扑优化模型及灵敏度分析

4.3.1 优化问题目标函数

首先，考虑在指定频率简谐激励下的结构振动问题。在动力学优化问题中，动柔度被认为是在某一给定频率下结构振动程度的一种有效度量手段。因此，选择由 Ma 等定义的动柔度作为在优化问题中首先考虑的目标函数，其表达式为

$$f=c=\sqrt{(\boldsymbol{F}^{\mathrm{T}}\boldsymbol{X}^{\mathrm{R}})^{2}+(\boldsymbol{F}^{\mathrm{T}}\boldsymbol{X}^{\mathrm{I}})^{2}} \tag{4.19}$$

式中，$\boldsymbol{X}^{\mathrm{R}}$ 和 $\boldsymbol{X}^{\mathrm{I}}$ 分别为位移响应的实部和虚部。

许多研究工作表明式中所述的目标函数在指定频率简谐载荷下的结构拓扑优化问题中十分有效。然而，在很多实际工程应用中，结构的外激励频率可以在某一频率带内变化。在某些情况下，即使载荷频率发生很小的变化，也可能引起结构的动力学响应发生很大的变化，这使得在某一指定载荷频率下的最优解，当载荷频率发生很小变化时就已经不再是最优解，有时甚至为较差的解。这也凸显了在某一频率带内进行动力学拓扑优化问题的必要性。

在关心的频率带 Ω_{f} 内选取 N_{p} 个样本点 $\theta_i(i=1,2,\cdots,N_{\mathrm{p}})$，其中 θ_i 一般均布在频率带 Ω_{f} 内。定义第二类目标函数为这些指定离散点的动柔度最大值，其表达式为

$$f=\max(c_1,c_2,\cdots,c_{N_{\mathrm{p}}}) \tag{4.20}$$

显然式(4.20)中的目标函数是一个不连续的函数，它将在求解基于梯度算法的优化方法时带来求解困难。为了克服这一弊端，引入 KS 函数对目标函数进行包络，该函数已被证明能够形成一个充分光滑的且对最大值的一个保守逼近。利用这一方法，在指定频率带范围 Ω_{f} 内的目标函数可以改写为

$$f=\mathrm{KS}(c_1,c_2,\cdots,c_{N\mathrm{e}})=\frac{1}{\eta}\ln\left(\sum_{i=1}^{N_{\mathrm{p}}}\mathrm{e}^{\eta c_i}\right) \tag{4.21}$$

式中，η 为 KS 函数的凝聚参数。在选择 η 的取值时，应当综合考虑包络函数的计算效率和精确程度，使其达到一个合理的平衡。对 η 的选取原则已经在 Poon 和 Martins 的相关工作中进行了详细的讨论。

4.3.2 优化问题列式

在本章中，考虑如图 4.1 所示的压电层合板结构的压电作动器层和压电传感器层在给定体积下的最优布局问题。其优化问题可以表示为

$$\begin{aligned}
&\min_{\boldsymbol{\rho}} && f(\boldsymbol{\rho})\\
&\text{s. t.} && [-\theta^2\boldsymbol{M}+\mathrm{i}\theta(\boldsymbol{C}+\boldsymbol{C}_{\mathrm{A}})+\boldsymbol{K}]\boldsymbol{X}=\boldsymbol{F}\\
& && \sum_{e=1}^{N_e}\rho_e V_e-f_{\mathrm{v}}\sum_{e=1}^{N_e}V_e\leqslant 0\\
& && 0<\underline{\rho}\leqslant\rho_e\leqslant 1\quad(e=1,2,\cdots,N_e)
\end{aligned} \tag{4.22}$$

式中，$\boldsymbol{\rho}=(\rho_1 \quad \rho_2 \quad \cdots \quad \rho_{N_e})^{\mathrm{T}}$ 为用于表征压电作动器层和压电传感器层的分布的单元密度设计变量向量；N_e 为设计域内的有限单元总数；f_{v} 为体积约束；V_e 为第 e 个单元的体积；单元密度设计变量下限 $\underline{\rho}$ 在本章取为 1×10^{-6}。

优化问题式(4.22)中的矩阵 $\boldsymbol{M},\boldsymbol{K},\boldsymbol{C}$ 由基体结构层、压电传感器层、压电作动器层共同构成。基于 SIMP 方法的技术路线，矩阵 $\boldsymbol{M},\boldsymbol{K},\boldsymbol{C}$ 可以写成

$$\boldsymbol{M}=\sum_{e=1}^{N_e}\boldsymbol{M}_{\mathrm{h}}^{e}+\sum_{e=1}^{N_e}\rho_e(\boldsymbol{M}_{\mathrm{a}}^{e}+\boldsymbol{M}_{\mathrm{s}}^{e}) \tag{4.23}$$

$$\boldsymbol{K}=\sum_{e=1}^{N_e}\boldsymbol{K}_{\mathrm{h}}^{e}+\sum_{e=1}^{N_e}\rho_e{}^{p_1}(\boldsymbol{K}_{\mathrm{a}}^{e}+\boldsymbol{K}_{\mathrm{s}}^{e}) \tag{4.24}$$

$$\boldsymbol{C}=\alpha\sum_{e=1}^{N_e}\boldsymbol{K}_{\mathrm{h}}^{e}+\beta\sum_{e=1}^{N_e}\boldsymbol{M}_{\mathrm{h}}^{e} \tag{4.25}$$

式中，$\boldsymbol{K}_{\mathrm{h}}^{e}$ 和 $\boldsymbol{M}_{\mathrm{h}}^{e}$ 分别为基体材料层单元刚度阵和单元质量阵，它们在优化过程中保持不变；$\boldsymbol{K}_{\mathrm{s}}^{e},\boldsymbol{K}_{\mathrm{a}}^{e},\boldsymbol{M}_{\mathrm{s}}^{e},\boldsymbol{M}_{\mathrm{a}}^{e}$ 分别为当单元布满材料时压电作动器层和压电传感器层的单元刚度阵和单元质量阵；$p_1>1$ 为人工阻尼材料模型的杨氏模量惩罚系数；α 和 β 表示基体材料层的阻尼系数。因为压电材料层的厚度与基体材料层相比要薄很多，因此压电材料层的阻尼效应在这里忽略不计。

通过引入对压电材料性能的惩罚，压电材料的压电系数矩阵可以写成

$$\mathbf{e}^{\mathrm{piezo}}(\boldsymbol{\rho}_e)=\boldsymbol{\rho}_e^{p_2}\,\mathbf{e} \tag{4.26}$$

式中，$p_2>1$ 为惩罚系数。

因此，式(4.18)结构的阻尼系数矩阵 $\boldsymbol{C}_{\mathrm{A}}$ 可以写成

$$\boldsymbol{C}_{\mathrm{A}}=\sum_{e=1}^{N_e}(\rho_e)^{p_2}\boldsymbol{K}_{\mathrm{u}\Phi}^e\boldsymbol{G}_{\mathrm{a}}^e\boldsymbol{G}_{\mathrm{s}}^e\boldsymbol{K}_{\Phi\mathrm{u}}^e \tag{4.27}$$

压电材料拓扑优化中惩罚函数的选择已经在很多文献中进行了详细的讨论，根据文献的建议，取 $p_1=3$，$p_2=3$。

4.3.3　灵敏度分析

优化问题式(4.22)通常利用基于梯度的数学规划方法进行求解，因此需要对目标函数进行灵敏度分析。基于伴随变量法，考虑一种仅仅显示依赖于稳态位移响应 $\boldsymbol{X}$ 的广义结构响应函数 $f[\boldsymbol{X}(\rho)]$ 的灵敏度分析，通过引入振动方程及其共轭方程，目标函数 $f(\boldsymbol{X})$ 可以写为

$$L=f(\boldsymbol{X})+\boldsymbol{\mu}_1^{\mathrm{T}}(\boldsymbol{W}\boldsymbol{X}-\boldsymbol{F})+\boldsymbol{\mu}_2^{\mathrm{T}}(\overline{\boldsymbol{W}}\,\overline{\boldsymbol{X}}-\overline{\boldsymbol{F}}) \tag{4.28}$$

式中，$\overline{\boldsymbol{W}}$ 和 $\overline{\boldsymbol{F}}$ 分别为动刚度矩阵 $\boldsymbol{W}=-\theta^2\boldsymbol{M}+\mathrm{i}\theta(\boldsymbol{C}+\boldsymbol{C}_{\mathrm{A}})+\boldsymbol{K}$ 和载荷向量 $\boldsymbol{F}$ 的共轭；$\boldsymbol{\mu}_1$ 和 $\boldsymbol{\mu}_2$ 为伴随向量。

将式(4.28)对第 e 个设计变量求导，可以得到

$$\frac{\mathrm{d}L}{\mathrm{d}\rho_e}=\boldsymbol{\mu}_1^{\mathrm{T}}\frac{\partial\boldsymbol{W}}{\partial\rho_e}\boldsymbol{X}+\boldsymbol{\mu}_2^{\mathrm{T}}\frac{\partial\overline{\boldsymbol{W}}}{\partial\rho_e}\overline{\boldsymbol{X}}+\frac{\partial\boldsymbol{X}^{\mathrm{R}}}{\partial\rho_e}\left(\frac{\partial f}{\partial\boldsymbol{X}^{\mathrm{R}}}+\boldsymbol{\mu}_1^{\mathrm{T}}\boldsymbol{W}+\boldsymbol{\mu}_2^{\mathrm{T}}\overline{\boldsymbol{W}}\right)+\frac{\partial\boldsymbol{X}^{\mathrm{I}}}{\partial\rho_e}\left(\frac{\partial f}{\partial\boldsymbol{X}^{\mathrm{I}}}+\mathrm{i}\boldsymbol{\mu}_1^{\mathrm{T}}\boldsymbol{W}-\mathrm{i}\boldsymbol{\mu}_2^{\mathrm{T}}\overline{\boldsymbol{W}}\right) \tag{4.29}$$

令两个伴随向量满足方程

$$\boldsymbol{\mu}_1^{\mathrm{T}}\boldsymbol{W}=\frac{1}{2}\left(-\frac{\partial f}{\partial\boldsymbol{X}^{\mathrm{R}}}+\mathrm{i}\frac{\partial f}{\partial\boldsymbol{X}^{\mathrm{I}}}\right) \tag{4.30}$$

$$\boldsymbol{\mu}_2^{\mathrm{T}}\overline{\boldsymbol{W}}=\frac{1}{2}\left(-\frac{\partial f}{\partial\boldsymbol{X}^{\mathrm{R}}}-\mathrm{i}\frac{\partial f}{\partial\boldsymbol{X}^{\mathrm{I}}}\right) \tag{4.31}$$

通过比较式(4.30)和式(4.31)，可以发现 $\boldsymbol{\mu}_1=\overline{\boldsymbol{\mu}}_2$。利用式(4.30)和式(4.31)中伴随向量的解，目标函数的导数可以进一步

地写成

$$\frac{\mathrm{d}f}{\mathrm{d}\rho_e}=\frac{\mathrm{d}L}{\mathrm{d}\rho_e}=2\mathrm{Re}\left\{\boldsymbol{\mu}_1^{\mathrm{T}}\left[-\theta^2\frac{\partial \boldsymbol{M}}{\partial \rho_e}+\mathrm{i}\theta\frac{\partial(\boldsymbol{C}+\boldsymbol{C}_{\mathrm{A}})}{\partial \rho_e}+\frac{\partial \boldsymbol{K}}{\partial \rho_e}\right]\boldsymbol{X}\right\} \tag{4.32}$$

式中

$$\frac{\partial \boldsymbol{M}}{\partial \rho_e}=\boldsymbol{M}_{\mathrm{a}}^e+\boldsymbol{M}_{\mathrm{s}}^e \tag{4.33}$$

$$\frac{\partial \boldsymbol{K}}{\partial \rho_e}=p_1\rho_e^{(p_1-1)}(\boldsymbol{K}_{\mathrm{a}}^e+\boldsymbol{K}_{\mathrm{s}}^e) \tag{4.34}$$

$$\frac{\partial(\boldsymbol{C}+\boldsymbol{C}_{\mathrm{A}})}{\partial \rho_e}=\frac{\partial \boldsymbol{C}_{\mathrm{A}}}{\partial \rho_e}=p_2\rho_e^{(p_2-1)}\boldsymbol{K}_{\mathrm{u}\Phi}^e\boldsymbol{G}_{\mathrm{a}}^e\boldsymbol{G}_{\mathrm{s}}^e\boldsymbol{K}_{\Phi\mathrm{u}}^e \tag{4.35}$$

当目标函数 f 取为如式(4.19) 中的某单一指定载荷频率下结构动柔度时,可以得到 $\partial c/\partial \boldsymbol{X}^{\mathrm{R}}$ 和 $\partial c/\partial \boldsymbol{X}^{\mathrm{I}}$,即

$$\frac{\partial c}{\partial \boldsymbol{X}^{\mathrm{R}}}=\frac{\partial\sqrt{(\boldsymbol{F}^{\mathrm{T}}\boldsymbol{X}^{\mathrm{R}})^2+(\boldsymbol{F}^{\mathrm{T}}\boldsymbol{X}^{\mathrm{I}})^2}}{\partial \boldsymbol{X}^{\mathrm{R}}}=\frac{\boldsymbol{F}^{\mathrm{T}}\boldsymbol{X}^{\mathrm{R}}\boldsymbol{F}^{\mathrm{T}}}{c} \tag{4.36}$$

$$\frac{\partial c}{\partial \boldsymbol{X}^{\mathrm{I}}}=\frac{\partial\sqrt{(\boldsymbol{F}^{\mathrm{T}}\boldsymbol{X}^{\mathrm{R}})^2+(\boldsymbol{F}^{\mathrm{T}}\boldsymbol{X}^{\mathrm{I}})^2}}{\partial \boldsymbol{X}^{\mathrm{I}}}=\frac{\boldsymbol{F}^{\mathrm{T}}\boldsymbol{X}^{\mathrm{I}}\boldsymbol{F}^{\mathrm{T}}}{c} \tag{4.37}$$

将式(4.36) 和式(4.37) 代入式(4.30) 中可以得到

$$\boldsymbol{\mu}_1^{\mathrm{T}}\boldsymbol{W}=-\frac{1}{2c}\boldsymbol{F}^{\mathrm{T}}\overline{\boldsymbol{X}}\boldsymbol{F}^{\mathrm{T}} \tag{4.38}$$

利用伴随向量 $\boldsymbol{\mu}_1$ 的解,目标响应函数 c 可以从式(4.32) 中得到

$$\begin{aligned}\frac{\mathrm{d}c}{\mathrm{d}\rho_e}=&\frac{1}{c}\mathrm{Re}\{\boldsymbol{W}^{-1}\boldsymbol{F}^{\mathrm{T}}\overline{\boldsymbol{X}}\boldsymbol{F}^{\mathrm{T}}[-\theta^2(\boldsymbol{M}_{\mathrm{a}}^e+\boldsymbol{M}_{\mathrm{s}}^e)+\\&\mathrm{i}\theta p_2\rho_e^{(p_2-1)}\boldsymbol{K}_{\mathrm{u}\Phi}^e\boldsymbol{G}_{\mathrm{a}}^e\boldsymbol{G}_{\mathrm{s}}^e\boldsymbol{K}_{\Phi\mathrm{u}}^e+p_1\rho_e^{(p_1-1)}(\boldsymbol{K}_{\mathrm{a}}^e+\boldsymbol{K}_{\mathrm{s}}^e)]\}\end{aligned} \tag{4.39}$$

当目标函数取为一个频率带内的目标函数的凝聚值,即 $f=\mathrm{KS}(c_1,c_2,\cdots,c_{N_{\mathrm{p}}})$ 时,其导数可以写成

$$\frac{\mathrm{d}f}{\mathrm{d}\rho_e}=\sum_{i=1}^{N_{\mathrm{p}}}\left(\mathrm{e}^{\eta c_i}\frac{\mathrm{d}c_{\mathrm{i}}}{\mathrm{d}\rho_e}\right)\Big/\sum_{i=1}^{N_{\mathrm{p}}}\mathrm{e}^{\eta c_i} \tag{4.40}$$

4.4 压电智能结构减振优化案例

在本节中,考虑不同的算例以验证所提优化方法和相应的数值求解技术。优化程序在 MATLAB 平台上实现,并利用 GCMMA 求解器求解这一高度非线性的动力学优化问题。当两次迭代目标函数差 $\|(f_{new}-f_{old})/f_{old}\|$ 小于 1×10^{-5} 时,优化程序停止迭代。

4.4.1 指定载荷频率下的拓扑优化

(1)悬臂板结构压电传感器和作动器的拓扑优化

首先,考虑上、下表面附有压电传感器层和压电作动器层的悬臂压电层合板的拓扑优化问题,如图 4.2 所示。板的基体材料层的几何属性为 $a=1.6$ m,$b=0.8$ m,$t_h=4\times10^{-3}$ m。压电传感器层和压电作动器层的厚度为 $t_s=t_a=0.5\times10^{-3}$ m。在结构自由端的中点施加一个简谐外加激励 $f(t)=Fe^{i\omega t}$(载荷幅值为 $F=200$ N,载荷频率为 $f_p=43$ Hz)。基体材料层(铝)的材料属性:杨氏模量 $E^h=6.9\times10^{10}$ N/m^2,泊松比 $v^h=0.3$,密度 $\rho^h=2\ 700$ kg/m^3。压电材料层(PZT 材料)的材料属性:$E^{piezo}=7.1\times10^{10}$ N/m^2,$v^{piezo}=0.35$,$\rho^{piezo}=5\ 000$ kg/m^3。压电材料层的压电系数为 $e_{31}=e_{32}=-5.2$ C/m^2,$e_{33}=15.1$ C/m^2,$e_{15}=e_{25}=12.7$ C/m^2。基体材料层的阻尼系数为 $\alpha=\beta=5\times10^{-4}$。电荷放大器的增益系数为 $G_c=1\times10^6$ V/A,速度负反馈控制系数为 $G_a=50$。

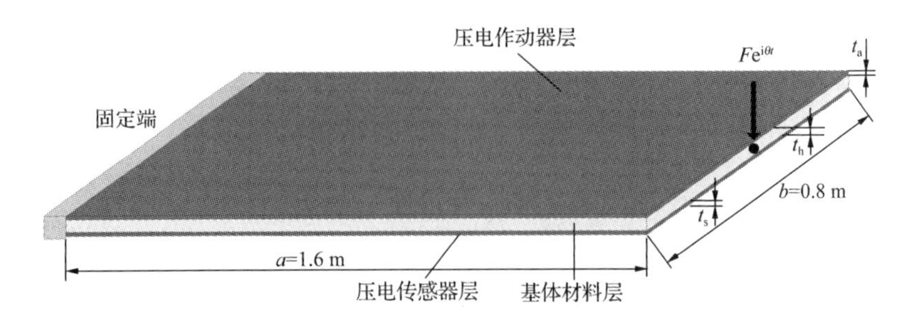

图 4.2 简谐激励下的悬臂板

Fig. 4.2 A cantilever plate under a time-harmonic load

设计域被离散为(80×40)个大小均一的4节点Mindlin壳单元，总计 $n = 16\ 605$ 个自由度。设计域内压电材料的体积约束为 $f_v = 0.5$，初始设计中所有单元的密度均取为 $\rho_e = 0.5(e = 1,2,\cdots,3\ 200)$。在计算中考虑结构的前40阶模态($n_b = 40$)。优化程序在21步之后收敛，其迭代历史如图4.3所示，可以发现优化的目标函数在优化过程中稳定下降。压电作动器/传感器层的最优布局如图4.4所示。主动控制下初始设计和优化设计中的结构振幅云图如图4.5所示，结果显示结构最大的振幅从初始设计中的0.006 6 m减小为优化设计中的0.001 4 m。另外，施加在结构上的主动控制作动电压幅值云图如图4.6所示，可以发现主动控制的作动电压在没有压电材料的区域几乎为零。另外，本书通过调整控制系数控制压电作动器控制电压在合理的范围，但并未在优化列式中添加防止压电击穿约束。在实际应用中，压电传感器/压电作动器的最优布局可以被看作压电位置与形状的一种概念设计的指导。具体设计方案仍需综合考虑压电片的制造工艺以及控制电路的复杂程度的影响进行调整。

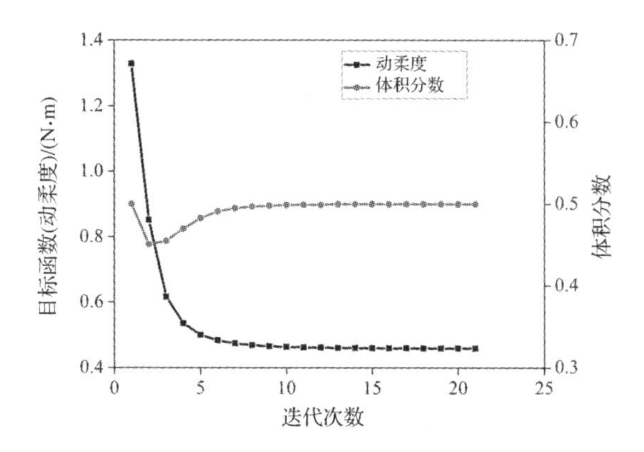

图 4.3　目标函数和体积分数的迭代历史

Fig. 4.3　Iteration histories of objective function value and volume fraction ratio

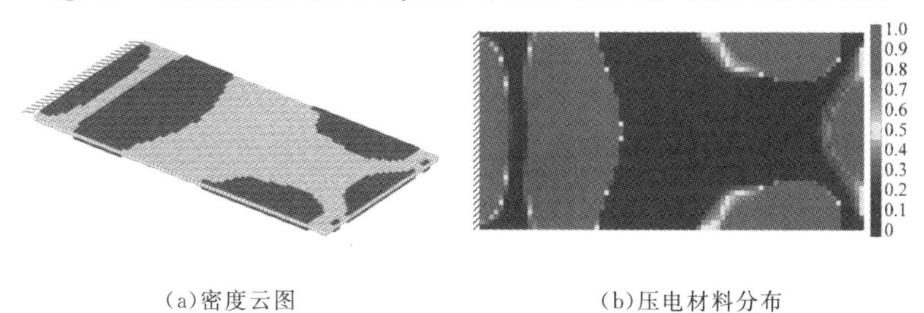

(a)密度云图　　　　(b)压电材料分布

图 4.4　压电作动器/传感器层的最优布局

Fig. 4.4　Optimal layout of actuator/sensor layers

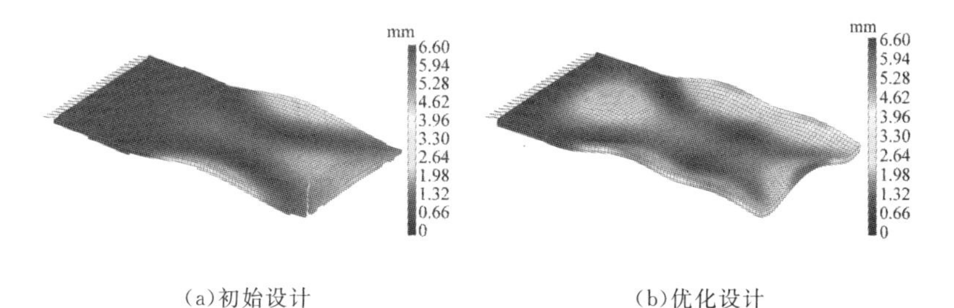

(a)初始设计　　　　(b)优化设计

图 4.5　初始设计和优化设计的结构振幅云图

Fig. 4.5　Vibration amplitude for initial and optimal design

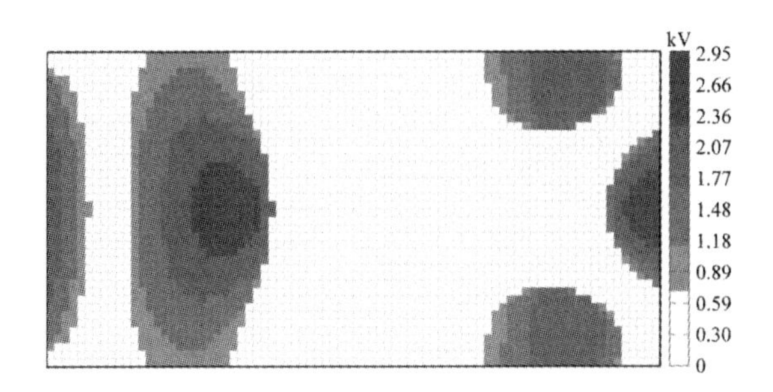

图 4.6 优化设计作动电压幅值云图

Fig. 4.6 Actuator voltage amplitude for optimal design

为了进一步考察优化设计的动力学性能，给出初始设计和优化设计(在 43 Hz 载荷激励下得到)在 28～60 Hz 载荷频率的动柔度扫频曲线，如图 4.7 所示。可以发现，当载荷频率为 40～50 Hz 时，主动控制下最优设计的动柔度数值明显小于初始设计(包括有主动控制和无主动控制)的动柔度的数值。然而当载荷频率远离 43 Hz 时(如 53～60 Hz)，在 43 Hz 载荷频率下所得的优化解已经不再是一个“优”的设计。可以发现，要想得到在一个频率带内的最优设计，则必须求解在指定频率带内的压电材料的最优布局问题，这部分内容将在后面详细讨论。

(2)载荷频率对优化结果的影响

在本节中，考虑载荷频率对优化结果的影响。这里，选取与前一算例相同的结构和边界条件，但考虑 6 个不同的载荷频率分别为 f_p=1 Hz，20 Hz，43 Hz，50 Hz，70 Hz，90 Hz。不同载荷频率下的优化结果如图 4.8 所示。显然，随着载荷频率 f_p 的升高，压电材料的最优布局变得更加复杂并且分布在一些零散的小区域。这一现象的产生是因为更高的载荷频率会激起更高阶的模态，高阶模态则呈现出更多的局部振动形式。

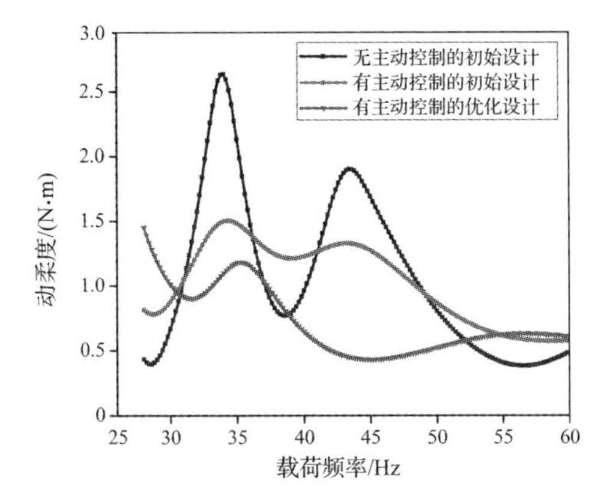

图 4.7 初始设计和优化设计在不同载荷频率下动柔度比较

Fig. 4.7 Comparison of dynamic compliance under different excitation frequencies for the initial design and the optimal design

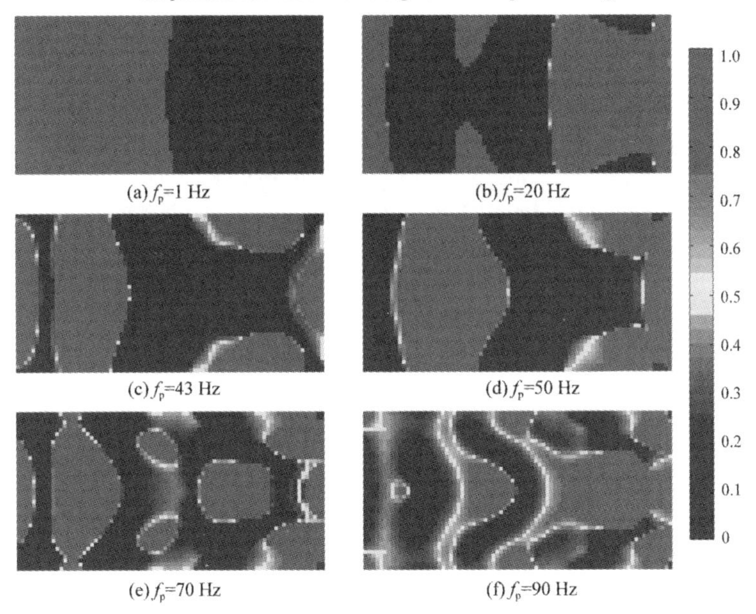

(a) f_p=1 Hz　(b) f_p=20 Hz　(c) f_p=43 Hz　(d) f_p=50 Hz　(e) f_p=70 Hz　(f) f_p=90 Hz

图 4.8 不同载荷频率下优化结果

Fig. 4.8 Optimization results obtained under different excitation frequencies

(3)控制系数对优化结果的影响

进一步地，考虑在载荷频率固定为 $f_p=20$ Hz 时速度负反馈控制系数对优化结果的影响。这里考虑 4 组不同的控制系数($G_a=100,200,500,1\ 000$)以及无控制系统($G_a=0$)的情况，5 种情况下所得的优化结果如图 4.9 所示。可以发现随着控制系数的增大，压电材料的最优布局渐渐地发生改变，同时可以发现当控制系数较小时，不同频率下结构的优化结果在有无主动控制时区别并不是很明显，原因是此时结构的刚度效应在优化中所起的作用在控制系数较小时远大于主动阻尼效应，然而当控制系数较大时，结构的主动阻尼效应则在优化过程中占据了主导地位。为了进一步说明这一情况，只对结构的压电效应进行优化(可以考虑为压电材料层保持不变，只优化压电材料层表面的电极层)，考虑 4 种不同的控制系数($G_a=100,200,500,1\ 000$)，其优化结果如图 4.10 所示。可以发现此时控制系数对优化结果的影响并不十分显著，因为在此种情况下，只有结构的主动阻尼矩阵发生了改变，在优化中它将始终处于主导地位。同时，通过比较图 4.9 和图 4.10 可以发现，图 4.9(e)的优化结果与图 4.10(d)的优化结果十分相似。这是因为对图 4.9(e)的问题来说，其控制系数已经很大，主动阻尼矩阵已在优化中占据了主导地位，因此其优化结果与只优化主动阻尼效应时[(图 4.10(d)]十分接近。

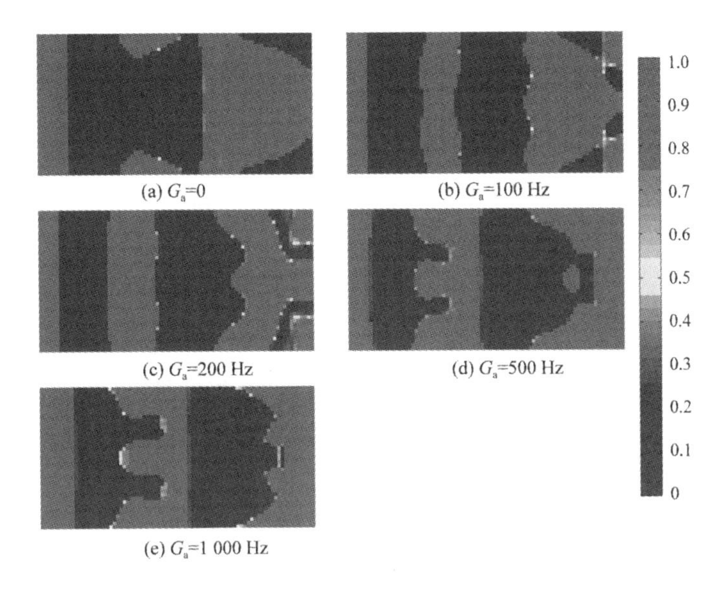

图 4.9 不同控制系数对压电作动器/压电传感器层优化结果的影响(载荷频率 20 Hz)

Fig. 4.9 Optimization results for actuator/sensor layers obtained under 20 Hz excitation with different control gains

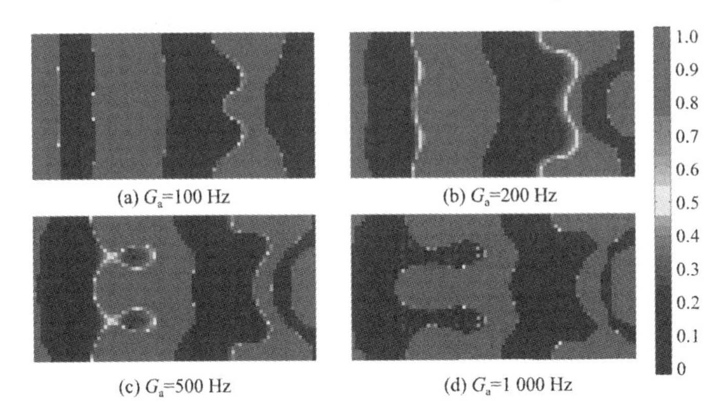

图 4.10 不同控制系数对压电材料表面电极层优化结果的影响(载荷频率 20 Hz)

Fig. 4.10 Optimization results for electrode layout obtained under 20 Hz excitation with different control gains

4.4.2 指定载荷频率带下的拓扑优化

(1)四边固支方板指定频率带压电传感器和作动器的拓扑优化

在本节中,考虑如图 4.11 所示的四边固支压电层合方板的压电作动器层和压电传感器层的拓扑优化问题。板的基体材料层的几何尺寸为 $a=3.0$ m,$t_h=3\times10^{-3}$ m,压电传感器层和压电作动器层的厚度为 $t_s=t_a=0.5\times10^{-3}$ m。基体材料和压电材料的材料属性与 4.4.1 节中的算例一致。结构基体材料层的阻尼系数为 $\alpha=\beta=1\times10^{-4}$。速度负反馈控制系数为 $G_a=20$,电荷放大器的增益系数为 $G_c=1\times10^5$ V/A。

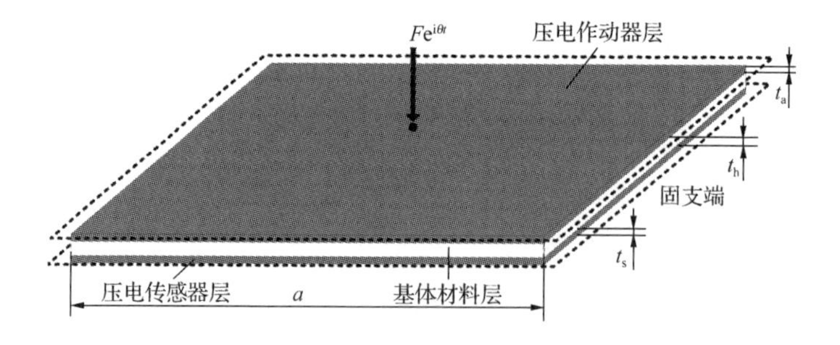

图 4.11 主动控制下四边固支压电层合方板

Fig. 4.11 A four-edge clamped laminated plate with active control

本例中,压电层合方板的中心受到一个简谐载荷 $f(t)=Fe^{i\theta t}$,振幅为 $F=200$ N,其载荷频率 $f_p=\theta/2\pi$ 为 29~41 Hz。在 KS 函数计算时,考虑了 13 个指定的载荷频率($f_p=29$ Hz,30 Hz,

31 Hz,32 Hz,33 Hz,34 Hz,35 Hz,36 Hz,37 Hz,38 Hz,39 Hz,40 Hz,41 Hz),目标函数取为指定载荷频率下动柔度的凝聚函数,其惩罚因子为 $\eta=10$。设计域被离散为(60×60)个大小均一的 4 节点 Mindlin 壳单元,共 $n=18\ 605$ 个自由度。压电材料的体积约束取为 $f_{\mathrm{v}}=0.5$,初始设计中所有单元的密度取为 $\rho_e=0.5(e=1,2,\cdots,3\ 600)$,响应与灵敏度分析中考虑结构的前 40 阶模态($n_{\mathrm{b}}=40$)。

优化程序 45 步之后收敛,目标函数和体积分数的迭代历史如图 4.12 所示。可以发现优化的目标函数稳定地从 1.25 N·m 减小到 0.57 N·m。压电传感器和压电作动器的最优布局如图 4.13 所示。图 4.14 给出了初始设计和优化设计的结构振幅云图,可以发现结构整体振幅在优化后明显减小。事实上,在 13 个指定载荷频率下结构的平均振幅从初始设计的 0.006 6 m 减小为 0.001 5 m。压电作动器平均作动电压如图 4.15 所示。

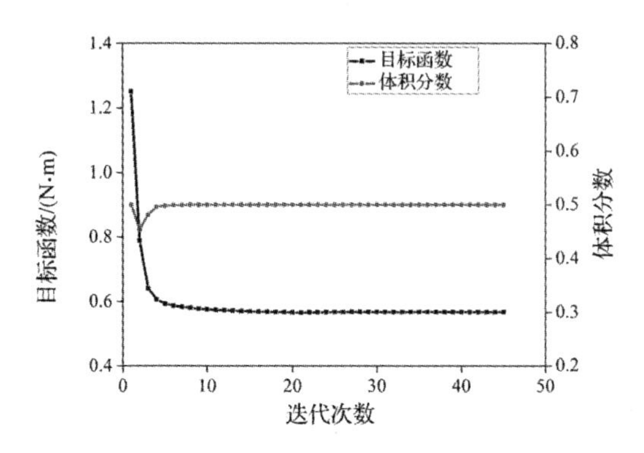

图 4.12　目标函数和体积分数的迭代历史

Fig. 4.12　Iteration histories of objective function value and volume fraction ratio

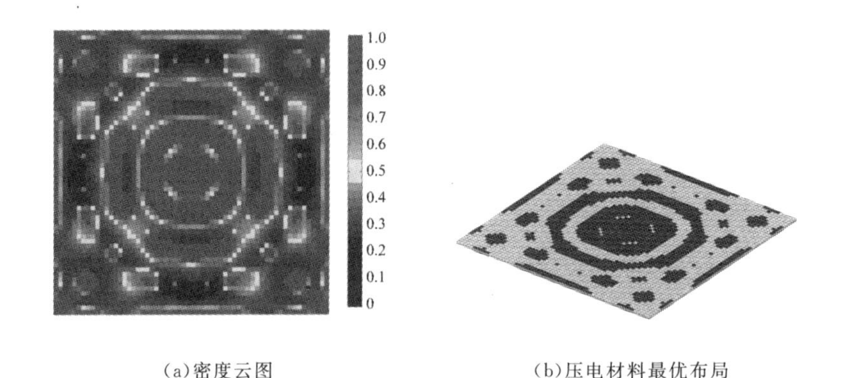

(a)密度云图　　(b)压电材料最优布局

图 4.13　压电作动器和压电传感器的最优布局

Fig. 4.13　Optimal layout of actuator/sensor layers

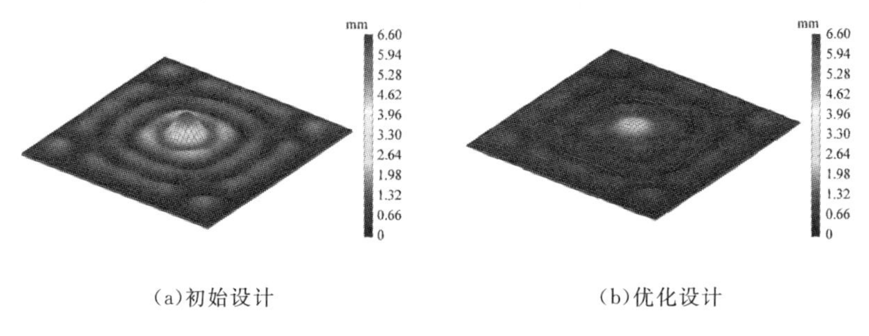

(a)初始设计　　(b)优化设计

图 4.14　初始设计和优化设计的结构振幅云图

Fig. 4.14　Average vibration amplitude for the initial design and the optimal design

结构初始设计(包括有、无主动控制)和优化设计(在 29～41 Hz 激振频率下求得)的动柔度扫频曲线如图 4.16 所示。可以发现，主动控制下优化设计的结构动柔度明显小于结构初始设计(包括有、无主动控制)的动柔度，只有在扫频曲线的波谷时(34 Hz 左右)，初始设计的动柔度小于优化设计。进一步可以发现，在 29～41 Hz 频率中进行优化后，不仅结构平均动柔度明显下降，在整个

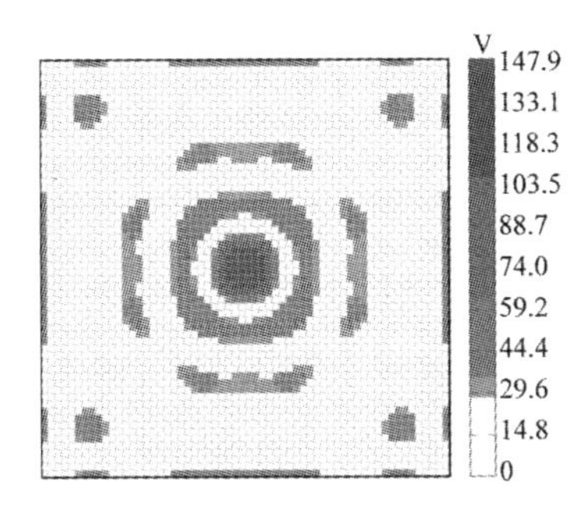

图 4.15 压电作动器平均作动电压

Fig. 4.15 Average actuator voltage amplitude for optimal design

频率范围内结构动柔度的变化也明显降低,结构在整个频率范围内动力响应更加平稳。

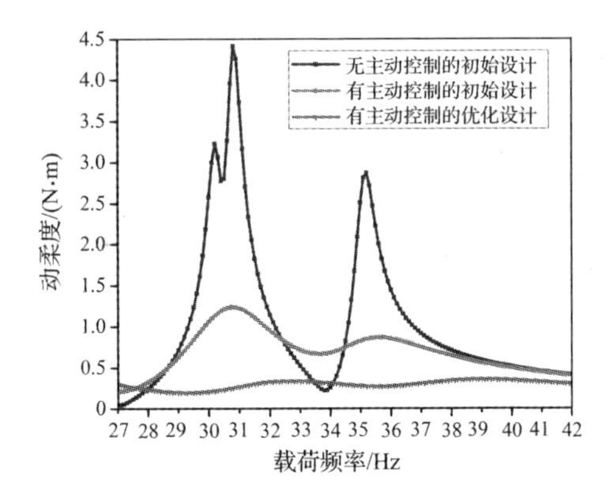

图 4.16 不同载荷频率下结构初始设计和优化设计动柔度扫频曲线

Fig. 4.16 Comparison of dynamic compliance under different excitation frequencies for the initial design and the optimal design with control

(2)单一载荷频率和频率带拓扑优化结果比较

这里主要对在单一载荷频率下得到的拓扑优化结果和指定频率带内拓扑优化的结果进行比较，这里仍使用前例中的四边固支方板。首先，考虑在 31 Hz 和 38 Hz 指定频率下的压电材料拓扑优化，其优化结果如图 4.17 所示。可以发现，图 4.13(a)、图 4.17(a)、图 4.17(b)中的优化结果具有显著的差别。为了比较这 3 个优化解，图 4.18 给出了 3 种优化设计的动柔度扫频曲线。显然，虽然在单一频率下的优化解在其加载频率附近具有最小的目标函数，但在整个频率范围内，以频率范围内动柔度的凝聚函数为目标的优化问题的解在 29～41 Hz 中具有更小的最大动柔度峰值。

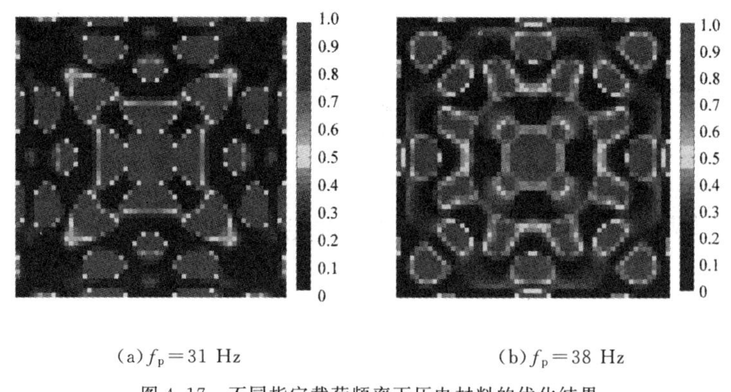

(a) $f_p=31$ Hz　　(b) $f_p=38$ Hz

图 4.17　不同指定载荷频率下压电材料的优化结果

Fig. 4.17　Optimalion results under different excitation

另外，给出不同指定载荷频率范围的拓扑优化结果，如图 4.19 所示。在不同载荷频率带中，不同的振动模态起着主导作用，它们将激起不同形式的局部模态。因此，为了抑制不同的局部模态，结构的拓扑优化解也随之不同。

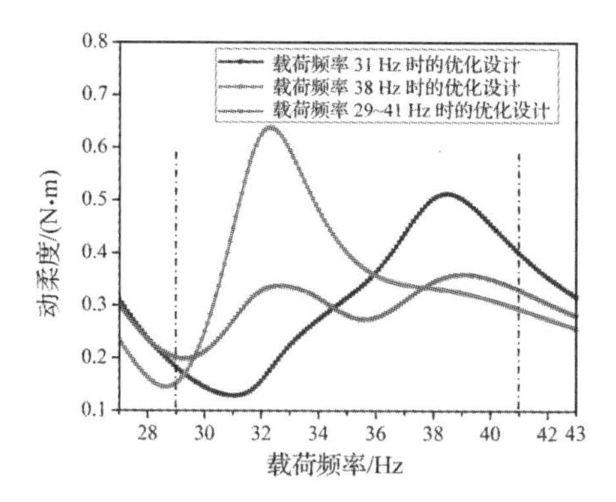

图 4.18　频率范围优化结果与单一频率优化结果动柔度扫频曲线

Fig. 4.18　Comparison of dynamic compliance under different excitation frequencies for the optimal designs at a single excitation frequency and in a frequency range

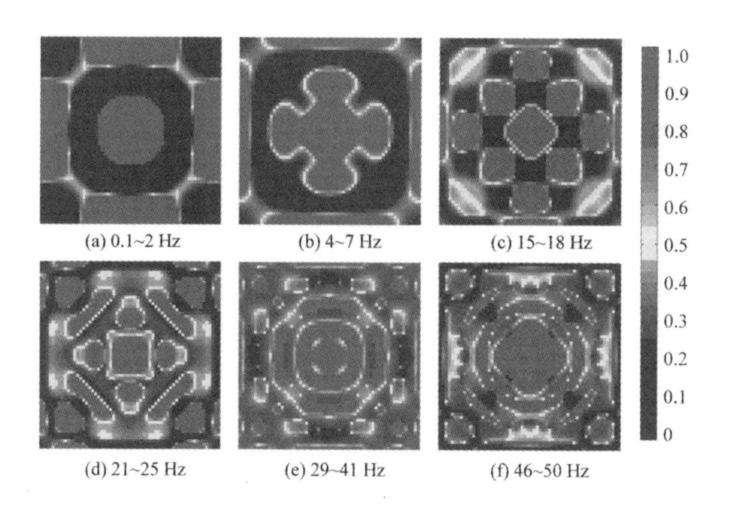

图 4.19　不同载荷频率范围压电材料的最优布局

Fig. 4.19　Optimization results obtained in different excitation frequency ranges

5 压电层合壳声辐射拓扑优化方法

利用主动控制的手段减小结构的噪声在飞机、船舶、汽车等设计中具有重要的意义并且已经被广泛地研究。声辐射主动控制的方法主要有两种:结构声辐射主动控制(ASAC)和噪声主动控制(ANC)。二者的主要区别在于,结构声辐射主动控制方法通过在振动结构中安装主动控制换能器(如压电换能器)来减小结构的振动从而达到减小结构声辐射的目的,而主动噪声控制(ANC)则致力于测量振动结构的早噪声并产生反相噪声将其抵消从而达到降噪的目的。

大量的理论和实验研究表明,改变结构声辐射主动控制中的压电传感器和压电作动器的构型(包括个数、位置、尺寸等)能够大幅增强控制效果。因此,许多研究工作致力于寻找能够减小结构声辐射的压电传感器和压电作动器分布形式。其中 Kim 等以减小结构的声辐射特性为目标优化了位置固定的压电作动器的尺寸、厚度和作动电压。Jha 和 Inman 使用遗传算法优化了压电传感器和压电作动器的位置和尺寸以减小结构整体的振动和声辐射。然而,如果使用传统的优化方法同时优化多个压电作动器的位置和尺寸,当压电作动器数目较多时,优化过程将变得十分难于求解。例如,当压电作动器数目较多时,多个大小和位置可变的压电作动器的非交叠约束将很难给出。因此,对压电作动器最优布置的优化迫切地需要引入拓扑优化技术。

已有许多工作致力于基于主动控制的压电智能结构压电材料最优拓扑布局问题。例如,Wang 等研究了减小结构振动程度的压电材料最优拓扑布局问题。然而,Frecker 指出在实际工程应用中很难制造形状过于复杂的压电作动器。克服这一困难的一种有效方式是在压电智能结构优化中不优化压电材料布局(压电材料满布)只优化压电材料的表面电极层。近年来,相关研究表明,改变压电材料表面的电极层能够显著提高压电作动器的作动位移和寻找理想的模态传感器的分布。对压电材料表面电极层进行拓扑优化能够克服压电材料优化受到加工工艺的巨大限制,在压电智能结构拓扑优化研究中具有较大的潜力。目前没有相关研究工作致力于以达到最优控制效果为目标的压电材料电极层拓扑优化问题的研究,这也是本章的研究重点。

本章主要研究了以减小振动结构辐射声压为目标的压电传感器和压电作动器表面电极层的拓扑优化问题。基体结构上、下表面分别敷设有压电传感器和压电作动器,它们具有相反的极化方向。在优化中,压电传感器和压电作动器的表面电极具有相同的拓扑布局,如图 5.1 所示。在结构振动分析中使用了有限单元法,在声辐射分析中则采用了边界单元法。在优化模型中,选取指定频率或频率范围简谐载荷下指定位置的声压为目标函数,以电极材料所在单元的单元密度为设计变量以表征电极材料的存在与否，并基于伴随变量法的思想给出了目标函数对设计变量的灵敏度。算例证明了本章所提方法的有效性，并讨论了对优化结构有影响的一些主要参数。

5.1 压电层合壳声辐射分析方法

在本章中，主要考虑如图 5.1 所示的压电层合壳结构，其上表面敷设有压电作动器层和压电传感器层。对于压电材料层，其本构关系可以表示为

$$\boldsymbol{T}=\boldsymbol{c}^{\mathrm{p}}:\boldsymbol{S}-\boldsymbol{e}^{\mathrm{T}}\cdot\boldsymbol{E} \tag{5.1}$$

式中，$\boldsymbol{T}$ 和 $\boldsymbol{S}$ 分别为压电材料的应力张量和应变张量；$\boldsymbol{c}^{\mathrm{p}}$ 为压电材料的弹性张量；$\boldsymbol{e}$ 为压电系数矩阵；而 $\boldsymbol{E}$ 为作用在压电材料上的电场向量。

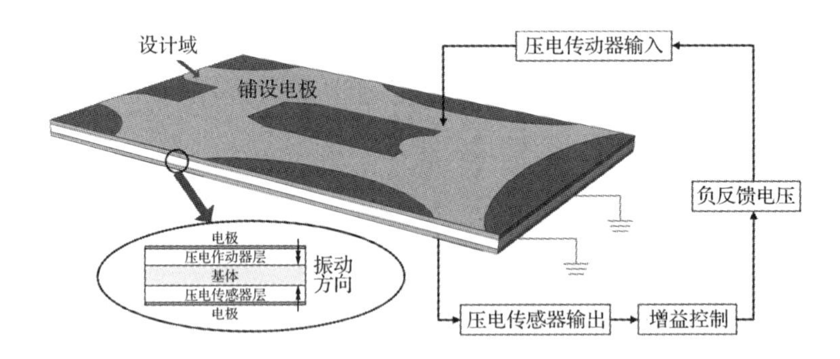

图 5.1 主动控制下压电智能结构最优电极布局

Fig. 5.1 Configuration of piezoelectric structures with optimal electrode coverage under active control

对于上面的压电智能结构，在简谐激励的作用下，通过主动控

制的手段可以有效减小其振动的振幅，利用有限单元法对结构进行离散，可以得到主动控制下结构动力学方程为

$$\boldsymbol{M}\ddot{\boldsymbol{y}}(t)+\boldsymbol{C}\dot{\boldsymbol{y}}(t)+\boldsymbol{K}\boldsymbol{y}(t)=\boldsymbol{f}(t)+\boldsymbol{f}_{\mathrm{a}}(t) \tag{5.2}$$

式中，$\boldsymbol{M}\in\boldsymbol{R}^{n\times n}$，$\boldsymbol{C}\in\boldsymbol{R}^{n\times n}$，$\boldsymbol{K}\in\boldsymbol{R}^{n\times n}$分别为结构整体的质量矩阵、阻尼矩阵和刚度矩阵；$\boldsymbol{y}(t)\in\boldsymbol{R}^{n\times l}$，$\dot{\boldsymbol{y}}(t)\in\boldsymbol{R}^{n\times l}$，$\ddot{\boldsymbol{y}}(t)\in\boldsymbol{R}^{n\times l}$分别为结构整体的位移、速度、加速度向量；$n$为结构的总自由度数；$\boldsymbol{f}_{\mathrm{a}}(t)$为结构的主动控制力。

在本章中，结构的主动控制力$\boldsymbol{f}_{\mathrm{a}}(t)$通过速度负反馈控制方法(CGVF)获得，其详细步骤已在4.3节中给出，这里不再赘述。最终可以得到主动控制力的表达式为

$$\boldsymbol{f}_{\mathrm{a}}(t)=-\boldsymbol{K}_{\mathrm{u}\varphi}\boldsymbol{G}_{\mathrm{a}}\boldsymbol{G}_{\mathrm{s}}\boldsymbol{K}_{\varphi\mathrm{u}}\dot{\boldsymbol{y}}(t) \tag{5.3}$$

式中，$\boldsymbol{K}_{\mathrm{u}\varphi}$和$\boldsymbol{K}_{\varphi\mathrm{u}}$分别为压电作动器层的电力耦合效应和压电传感器层的力电耦合效应；$\boldsymbol{G}_{\mathrm{a}}$和$\boldsymbol{G}_{\mathrm{s}}$分别为控制器的控制系数矩阵和压电传感器所连接的电荷放大器的系数矩阵。

这里定义式(5.3)右端项中除速度向量以外的部分为主动阻尼矩阵，其表达式为

$$\boldsymbol{C}_{\mathrm{A}}=\boldsymbol{K}_{\mathrm{u}\varphi}\boldsymbol{G}_{\mathrm{a}}\boldsymbol{G}_{\mathrm{s}}\boldsymbol{K}_{\varphi\mathrm{u}} \tag{5.4}$$

这里需要注意的是，$\boldsymbol{C}_{\mathrm{A}}$是一个既不正定也不对称的矩阵。这是因为压电作动器层和压电传感器层分别位于基体材料层的顶部和底部，从而使得$\boldsymbol{K}_{\varphi\mathrm{u}}\neq\boldsymbol{K}_{\mathrm{u}\varphi}^{\mathrm{T}}$。利用式(5.3)和式(5.4)可以将结构动力学方程改写为

$$\boldsymbol{M}\ddot{\boldsymbol{y}}(t)+(\boldsymbol{C}+\boldsymbol{C}_{\mathrm{A}})\dot{\boldsymbol{y}}(t)+\boldsymbol{K}\boldsymbol{y}(t)=\boldsymbol{f}(t) \tag{5.5}$$

在本章中，考虑外力载荷$\boldsymbol{f}(t)$为简谐激励的情况，并且只关心稳态的位移响应$\boldsymbol{y}(t)$和速度$\dot{\boldsymbol{y}}(t)$，因此稳态的位移和速度可以表达为$\boldsymbol{y}(t)=\boldsymbol{Y}\mathrm{e}^{\mathrm{i}\omega_{\mathrm{f}}t}$，$\dot{\boldsymbol{y}}(t)=\boldsymbol{v}\mathrm{e}^{\mathrm{i}\omega_{\mathrm{f}}t}$(其中$\boldsymbol{v}=\mathrm{i}\omega_{\mathrm{f}}\boldsymbol{Y}$)，基于此，结构动力学

方程可以进一步改写为

$$\boldsymbol{WY}=\boldsymbol{F} \tag{5.6}$$

式中，$\boldsymbol{W}=-\omega_{\mathrm{f}}^{2}\boldsymbol{M}+\mathrm{i}\omega_{\mathrm{f}}(\boldsymbol{C}+\boldsymbol{C}_{\mathrm{A}})+\boldsymbol{K}$ 为结构的动刚度矩阵。

对式(5.6)可以使用全模态方法($\boldsymbol{Y}=\boldsymbol{W}^{-1}\boldsymbol{F}$)、状态空间下复模态叠加法、基于模态降阶的复模态叠加法等方法进行求解。本章采用基于模态降阶的方法进行求解，详细求解步骤不再赘述。

进一步地，考虑振动结构的声辐射分析问题。这里与第 3 章相同，依然是求解结构的外声场问题，因此同样地选取了边界单元法对结构声辐射问题进行求解。利用 3.2 节所给出的边界单元求解步骤，最终可以得到声音介质中任意一点的声压为

$$p(r)=\boldsymbol{z}_{\mathrm{r}}\boldsymbol{v}_{\mathrm{n}} \tag{5.7}$$

式中，$\boldsymbol{z}_{\mathrm{r}}\in\boldsymbol{R}^{1\times n_{\mathrm{BN}}}$ 是一个常系数向量，它只依赖于结构的边界几何形状以及所取的参考点的位置，不同的载荷边界条件对 $\boldsymbol{z}_{\mathrm{r}}$ 不会产生影响。声压的模可以表达为

$$\| p_{\mathrm{r}} \| =\sqrt{\mathrm{Re}[p(r)]^{2}+\mathrm{Im}[p(r)]^{2}} \tag{5.8}$$

5.2 压电智能结构声辐射优化模型

5.2.1 优化问题列式

在本章中，考虑在给定压电材料表面电极层最大体积情况下减小指定位置 r 的声压的拓扑优化问题。为了描述附着在压电传感器层和压电作动器层表面电极的分布，使用基于单元密度的设计变量 $\rho_{e}(e=1,2,\cdots,N_{e})$来描述在第 e 个单元中电极材料是否存在。因此其相应的拓扑优化问题可以给为

$$
\begin{aligned}
\min_{\boldsymbol{\rho}} \quad & f(\boldsymbol{\rho}) \\
\text{s. t.} \quad & \{-\omega_{\mathrm{f}}^2 \boldsymbol{M} + \mathrm{i}\omega_{\mathrm{f}}[\boldsymbol{C} + \boldsymbol{C}_{\mathrm{A}}(\rho)] + \boldsymbol{K}\}\boldsymbol{Y} = \boldsymbol{F} \\
& p(r) = \boldsymbol{z}_{\mathrm{r}} \boldsymbol{v}_{\mathrm{n}}(\boldsymbol{Y}) \\
& \sum_{e=1}^{N_e} \rho_e V_e - f_{\mathrm{v}} \sum_{e=1}^{N_e} V_e \leqslant 0 \\
& 0 < \underline{\rho} \leqslant \rho_e \leqslant 1 \quad (e = 1, 2, \cdots, N_e)
\end{aligned} \tag{5.9}
$$

式中，$\boldsymbol{\rho} = (\rho_1 \quad \rho_2 \quad \cdots \quad \rho_{N_e})$ 为设计变量向量，其下限 $\underline{\rho}$ 取为 10^{-6}，这里利用体积约束来限制压电材料层表面电极覆盖的总面积，这一限制在实际应用中能够有效地限制控制电路的复杂程度。

在优化问题式(5.9)中，考虑两类目标函数。第一类目标函数为在指定频率的简谐激励下指定参考点 r 的声压模，其表达式为

$$
f(\boldsymbol{\rho}) = \| p_{\mathrm{r}} \| \tag{5.10}
$$

当考虑某指定频率带内的参考点声压的时候，定义在指定频率内 N_{p} 个样本点 $\omega_{\mathrm{f}}^i (i = 1, 2, \cdots, N_{\mathrm{p}})$ 的最大声压值为第二类目标函数(ω_{f}^i 一般均布地置于指定频率带内)，即

$$
f(\boldsymbol{\rho}) = \max(\| p_{\mathrm{r}}^1 \|, \| p_{\mathrm{r}}^2 \|, \cdots, \| p_{\mathrm{r}}^{N_{\mathrm{p}}} \|) \tag{5.11}
$$

对于式(5.11)中的目标函数，它并非一个光滑函数，这样会在基于梯度的数学规划方法求解这一问题时带来极大的困难，因此引入 KS 函数，利用这一函数，在指定频率带内的声压最大值可以改写为

$$
f(\boldsymbol{\rho}) = \mathrm{KS}(\| p_{\mathrm{r}}^1 \|, \| p_{\mathrm{r}}^2 \|, \cdots, \| p_{\mathrm{r}}^{N_{\mathrm{p}}} \|) = \frac{1}{\eta} \ln \Big(\sum_{i=1}^{N_{\mathrm{p}}} \mathrm{e}^{\eta \| p_{\mathrm{r}}^i \|} \Big) \tag{5.12}
$$

式中，η 为 KS 函数的凝聚参数。

在实现电极材料布局优化的过程中，引入带惩罚的主动阻尼

矩阵 $\boldsymbol{C}_{\mathrm{A}}$，其表达式为

$$\boldsymbol{C}_{\mathrm{A}}=\sum_{e=1}^{N_e}\rho_e{}^{p_{\mathrm{p}}}\boldsymbol{K}_{\mathrm{u\varphi}}^e\boldsymbol{G}_{\mathrm{a}}^e\boldsymbol{G}_{\mathrm{s}}^e\boldsymbol{K}_{\mathrm{\varphi u}}^e \tag{5.13}$$

式中，$p_{\mathrm{p}}>1$ 是为了消除中间密度单元而引入的惩罚函数，这样一个惩罚函数是一个纯数值处理手段，而并不具有实际的物理意义。

5.2.2 灵敏度分析

为了求解式(5.9)中的拓扑优化问题，需要对目标函数的灵敏度进行推导，基于伴随变量法的基本思想，首先引入拉格朗日函数的伴随变量 $\boldsymbol{\mu}$，它可以通过求解下面的方程得到，即

$$\boldsymbol{\mu}^{\mathrm{T}}\boldsymbol{W}=\frac{1}{2}\left(-\frac{\partial f}{\partial \boldsymbol{Y}^{\mathrm{R}}}+\mathrm{i}\frac{\partial f}{\partial \boldsymbol{Y}^{\mathrm{I}}}\right) \tag{5.14}$$

进而可以得到目标函数 $f(\boldsymbol{Y})$ 对设计变量的导数为

$$\begin{aligned}\frac{\mathrm{d}f}{\mathrm{d}\rho_e}&=2\mathrm{Re}\left\{\boldsymbol{\mu}^{\mathrm{T}}\left[-\omega_{\mathrm{f}}^2\frac{\partial \boldsymbol{M}}{\partial \rho_e}+\mathrm{i}\omega_{\mathrm{f}}\frac{\partial(\boldsymbol{C}+\boldsymbol{C}_{\mathrm{A}})}{\partial \rho_e}+\frac{\partial \boldsymbol{K}}{\partial \rho_e}\right]Y\right\}\\&=2\mathrm{Re}\{\boldsymbol{\mu}^{\mathrm{T}}[\mathrm{i}\omega_{\mathrm{f}}p_{\mathrm{p}}\rho_e{}^{(p_1-1)}\boldsymbol{K}_{\mathrm{u\varphi}}^e\boldsymbol{G}_{\mathrm{a}}^e\boldsymbol{G}_{\mathrm{s}}^e\boldsymbol{K}_{\mathrm{\varphi u}}^e]\boldsymbol{Y}\}\ (e=1,2,\cdots,N_e)\end{aligned} \tag{5.15}$$

对于第一类目标 $f=\|p_{\mathrm{r}}\|$ 函数来说，式(5.14)中的 $\partial\|p_{\mathrm{r}}\|/\partial\boldsymbol{Y}^{\mathrm{R}}$ 和 $\partial\|p_{\mathrm{r}}\|/\partial\boldsymbol{Y}^{\mathrm{I}}$ 可以写成

$$\begin{aligned}\frac{\partial\|p_{\mathrm{r}}\|}{\partial\boldsymbol{Y}^{\mathrm{R}}}&=\frac{\partial\sqrt{\mathrm{Re}[p(r)]^2+\mathrm{Im}[p(r)]^2}}{\partial\boldsymbol{Y}^{\mathrm{R}}}\\&=\frac{\mathrm{Re}[p(r)]}{\|p_{\mathrm{r}}\|}\frac{\partial\mathrm{Re}[p(r)]}{\partial\boldsymbol{Y}^{\mathrm{R}}}+\frac{\mathrm{Im}[p(r)]}{\|p_{\mathrm{r}}\|}\frac{\partial\mathrm{Im}[p(r)]}{\partial\boldsymbol{Y}^{\mathrm{R}}}\\&=\frac{1}{\|p_{\mathrm{r}}\|}\left\{\mathrm{Re}[p(r)]\frac{\partial\mathrm{Re}(-\mathrm{i}\omega z_{\mathrm{r}}\boldsymbol{N}_{\mathrm{s}}\boldsymbol{Y})}{\partial\boldsymbol{Y}^{\mathrm{R}}}+\mathrm{Im}[p(r)]\frac{\partial\mathrm{Im}(-\mathrm{i}\omega z_{\mathrm{r}}\boldsymbol{N}_{\mathrm{s}}\boldsymbol{Y})}{\partial\boldsymbol{Y}^{\mathrm{R}}}\right\}\\&=-\frac{1}{\|p_{\mathrm{r}}\|}\{\mathrm{Re}[p(r)][\mathrm{Re}(\mathrm{i}\omega z_{\mathrm{r}}\boldsymbol{N}_{\mathrm{s}})^{\mathrm{T}}]+\mathrm{Im}[p(r)][\mathrm{Im}(\mathrm{i}\omega z_{\mathrm{r}}\boldsymbol{N}_{\mathrm{s}})^{\mathrm{T}}]\}\end{aligned} \tag{5.16}$$

$$\frac{\partial \| p_{\mathrm{r}} \|}{\partial \boldsymbol{Y}^{\mathrm{I}}} = \frac{\partial \sqrt{\mathrm{Re}[p(r)]^2 + \mathrm{Im}[p(r)]^2}}{\partial \boldsymbol{Y}^{\mathrm{I}}}$$

$$= \frac{1}{\| p_{\mathrm{r}} \|} \left\{ \mathrm{Re}[p(r)] \frac{\partial \mathrm{Re}(-\mathrm{i}\omega \boldsymbol{z}_{\mathrm{r}} \boldsymbol{N}_{\mathrm{s}} \boldsymbol{Y})}{\partial \boldsymbol{Y}^{\mathrm{I}}} + \mathrm{Im}[p(r)] \frac{\partial \mathrm{Im}(-\mathrm{i}\omega \boldsymbol{z}_{\mathrm{r}} \boldsymbol{N}_{\mathrm{s}} \boldsymbol{Y})}{\partial \boldsymbol{Y}^{\mathrm{I}}} \right\}$$

$$= \frac{1}{\| p_{\mathrm{r}} \|} \{ \mathrm{Re}[p(r)][\mathrm{Re}(\omega \boldsymbol{z}_{\mathrm{r}} \boldsymbol{N}_{\mathrm{s}})^{\mathrm{T}}] + \mathrm{Im}[p(r)][\mathrm{Im}(\omega \boldsymbol{z}_{\mathrm{r}} \boldsymbol{N}_{\mathrm{s}})^{\mathrm{T}}] \}$$

(5.17)

将式(5.16)和式(5.17)代入式(5.14),即可求得伴随变量 $\boldsymbol{\mu}$,进而可以求出式(5.15)中的目标函数 $f = \| p_{\mathrm{r}} \|$ 的灵敏度。

对于第二类目标函数,即频率带内的最大声压幅值,其灵敏度可以写为

$$\frac{\mathrm{d}f}{\mathrm{d}\rho_e} = \sum_{i=1}^{N_{\mathrm{p}}} \left(\mathrm{e}^{\eta \| p_{\mathrm{r}}^i \|} \frac{\mathrm{d} \| p_{\mathrm{r}}^i \|}{\mathrm{d}\rho_e} \right) \Big/ \sum_{i=1}^{N_{\mathrm{p}}} \mathrm{e}^{\eta \| p_{\mathrm{r}}^i \|} \tag{5.18}$$

5.2.3 优化流程

求解本章所考虑的优化问题,包括如下一些步骤:

第1步:初始化设计变量 $\rho_e (e = 1, 2, \cdots, N_e)$,并形成相应的单元刚度矩阵 $\boldsymbol{K}$、质量矩阵 $\boldsymbol{M}$ 以及阻尼矩阵 $\boldsymbol{C}$;

第2步:对每一个载荷频率计算式(5.7)中的 $\boldsymbol{z}_{\mathrm{r}}$;

第3步:利用现有的设计变量信息 $\boldsymbol{\rho}$ 计算式(5.13)中的主动阻尼矩阵;

第4步:利用所指定的 n_{b} 阶无阻尼系统的特征向量形成缩减的动力学控制方程;

第5步:利用复模态叠加法对缩减的动力学方程进行求解,得到结构的位移响应 $\boldsymbol{Y}$ 和结构表面法向速度响应 $\boldsymbol{v}_{\mathrm{n}}$;

第6步:利用边界单元法计算式(5.8)中的声压幅值的模;

第 7 步：计算声压幅值的模对设计变量的灵敏度；

第 8 步：利用 GCMMA 求解器更新设计变量；

第 9 步：当两侧目标函数之间的差值小于某一指定小值时，认为优化收敛，优化过程结束，否则返回第 3 步。

5.3　压电层合结构声辐射拓扑优化算例

本节将给出一些数值算例以验证所提方法的有效性，并探讨影响优化结果的一些主要的因素。所有算例均采用了 4 节点 4 边形 Mindlin 壳有限单元离散振动结构，同时利用四节点四边形边界单元离散声场域边界。优化过程的收敛准则为两次迭代之间目标函数之间相差小于 1×10^{-4}。

5.3.1　算例 1：悬臂板电极层的拓扑优化

(1) 电极材料的最优布局

在本节中，首先考虑基于主动控制的压电悬臂板结构表面电极的最优拓扑布局问题，如图 5.2 所示。板的几何尺寸为长 $a=0.6$ m，宽 $b=0.4$ m，基体材料层厚度为 $t_h=6\times10^{-4}$ m，压电传感器层和压电作动器层的厚度为 $t_s=t_a=1\times10^{-4}$ m。板放置于声音介质（空气）之中，基体材料和压电材料的材料属性见表 5.1。在结构自由边中点施加一个简谐外激励 $f(t)=Fe^{i\omega_f t}$（其中 $F=20$ N，$\omega_f=2\pi f_p$，$f_p=60$ Hz），空气介质的密度为 $\rho^{air}=1.21$ kg/m^3，声音在空气介质中的传播速度 $c=3.4\times10^5$ m/s。基体结构阻尼系数为 $\alpha=\beta=1\times10^{-4}$。电荷放大器的控制系数为 $G_s=1\times10^5$ V/A，速度负反馈控制器系数为 $G_a=40$。

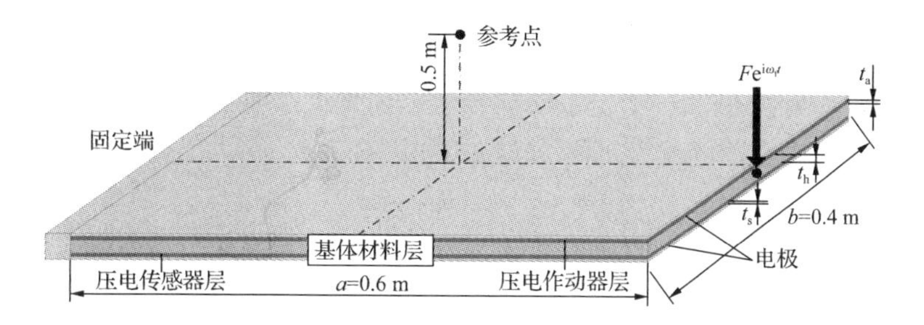

图 5.2 简谐载荷下主动控制的压电悬臂板

Fig. 5.2 A cantilever plate with active control under a time-harmonic load

表 5.1 基体材料层和压电材料层材料属性

Tab. 5.1 Material properties of the host layer and piezoelectric layers

基体材料层（铝）	杨氏模量 $E^{h}=6.9\times10^{10}$ N/m^2
	质量密度 $\rho^{h}=2\ 700$ kg/m^3
	泊松比 $v^{h}=0.3$
压电材料层（PZT 材料）	杨氏模量 $E^{piezo}=7.1\times10^{10}$ N/m^2
	质量密度 $\rho^{piezo}=5\ 000$ kg/m^3
	泊松比 $v^{piezo}=0.35$
	压电系数 $e_{31}=e_{32}=-5.2$ C/m^2，$e_{33}=15.1$ C/m^2，$e_{15}=e_{25}=12.7$ C/m^2

板结构划分为 2 400(60 × 40) 大小均一的壳单元，结构上、下表面共划分为 4 800 个边界单元用于声场边界单元分析。拓扑优化中压电材料电极层的体积分数限制为 $f_v=0.5$，初始设计中设计变量均取为 $\rho_e=0.5(e=1,2,\cdots,2\ 400)$。计算中，共考虑结构前 60 阶特征模态($n_b=60$)。压电材料惩罚系数 p_p 取为 3。板中心上方0.5 m处的声压的模作为优化问题的目标函数。优化程序在迭代 75 步之后收敛，迭代历史如图 5.3 所示，可以发现目标函数稳定地从初始设计中

$\| p_r \| = 3.266$ Pa减小为优化设计中 $\| p_r \| = 1.148$ Pa。最优解如图 5.4 所示。图 5.5 给出了初始设计和优化设计中结构振幅云图和表面声压幅值云图，可以发现结构振幅和表面声压都在优化后明显地减小，同时结构振幅云图与表面声压幅值云图具有相似但不完全相同的分布。图 5.6 给出了结构表面作动电压幅值云图，可以发现最大的作动电压为 1.39 kV，在没有电极材料分布的地方其控制电压几乎为 0。

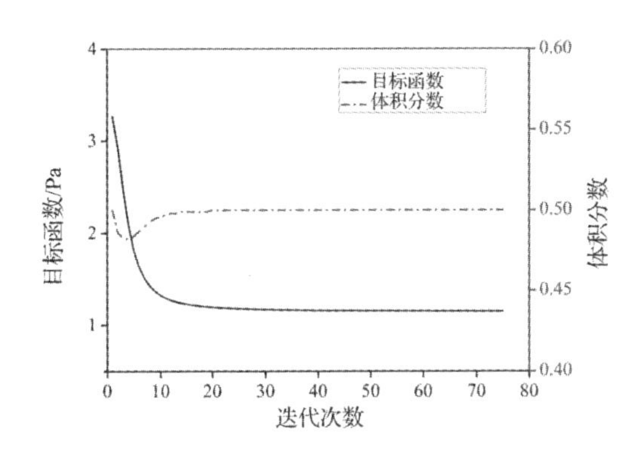

图 5.3 目标函数和体积分数的迭代历史

Fig. 5.3 Iteration histories of objective function and volume fraction ratio

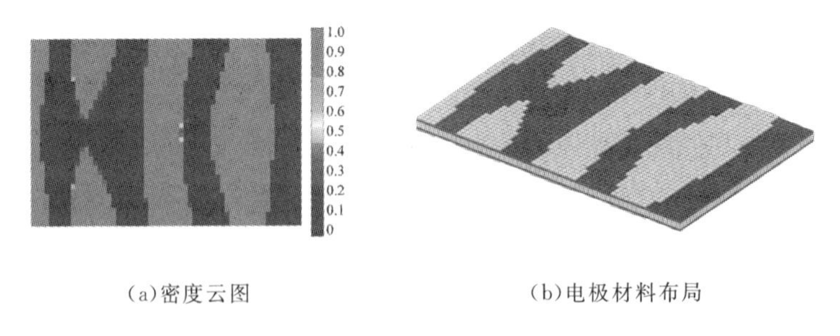

(a)密度云图　　(b)电极材料布局

图 5.4 载荷频率下的最优解

Fig. 5.4 Optimal solution for the cantilever plate under excitation

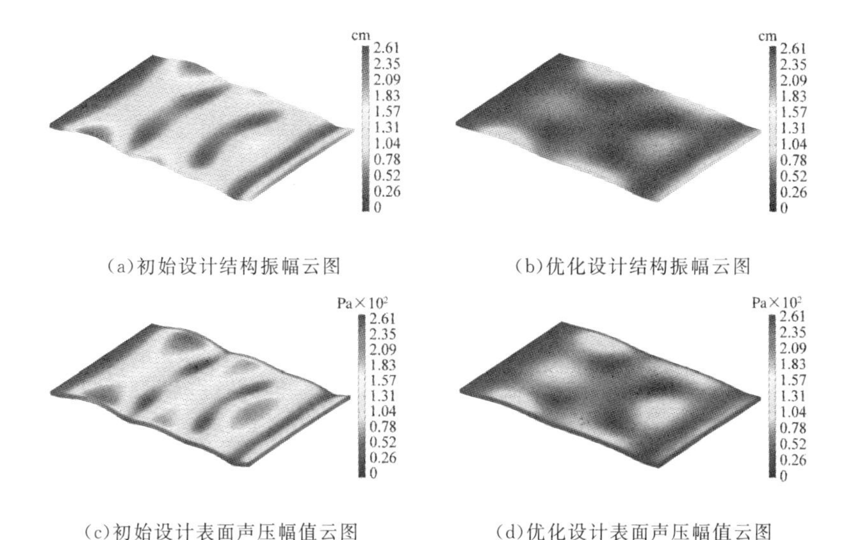

(a)初始设计结构振幅云图　　(b)优化设计结构振幅云图

(c)初始设计表面声压幅值云图　　(d)优化设计表面声压幅值云图

图 5.5　初始设计和优化设计的比较

Fig. 5.5　Comparison of initial designs and optimal designs

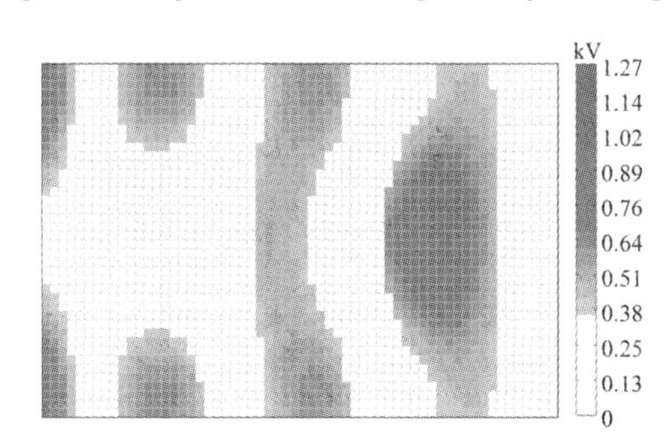

图 5.6　优化设计中作动电压幅值云图

Fig. 5.6　Actuator voltage amplitude for the optimal design

作为比较，未使用模态降阶技术的振动分析优化结果在图 5.7 中给出，可以发现图 5.7 与图 5.4 所示的优化结果几乎完全一样。同时目标函数值从初始设计的减小为优化设计的 $\| p_r \| = 3.265$ Pa，这与基于模态降阶的 $\| p_r \| = 1.144$ Pa 优化设计中的目标函数值

最大相差 0.35%。

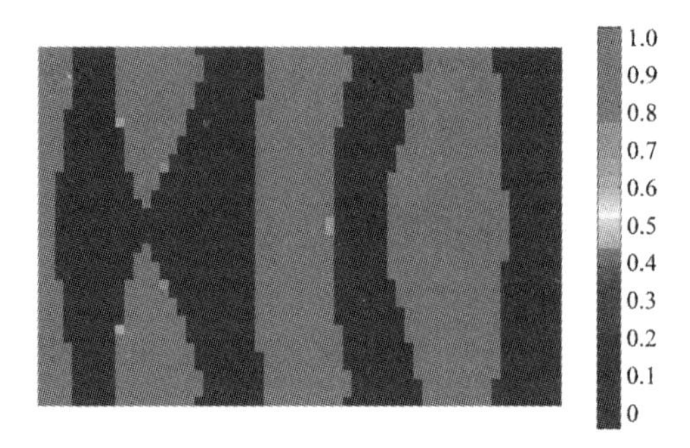

图 5.7 未使用模态降阶技术的振动分析优化结果

Fig. 5.7 Optimal solution for the cantilever plate without model reduction

优化设计和初始设计中目标声压点在 $f_p=55\sim65$ Hz 频率声压幅值扫频曲线如图 5.8 所示,可以发现在 55～65 Hz 优化设计的参考点声压远远小于初始设计(包括有、无主动控制)。

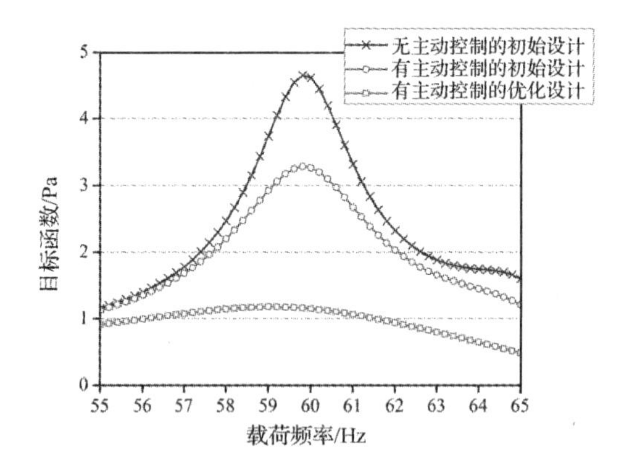

图 5.8 初始设计和优化设计声压幅值扫频曲线

Fig. 5.8 Sound pressure under different excitation frequencies for the optimal design and the initial design with/without control

进一步，考察体积约束对优化设计和控制成本的影响。考虑 4 种不同的体积比 f_v＝0.1，0.3，0.7，0.9，其优化结果如图 5.9 所示。响应的目标函数分别为 $\|p_r\|$＝2.414 Pa，1.441 Pa，1.049 Pa，1.019 Pa，目标函数随着体积分数的增大而略微减小（从体积分数 0.5 时的声压 $\|p_r\|$＝1.144 Pa 减小到体积分数 0.9 时的声压 $\|p_r\|$＝1.019 Pa），然而当体积分数增大时，控制电路的复杂程度也随之增加。

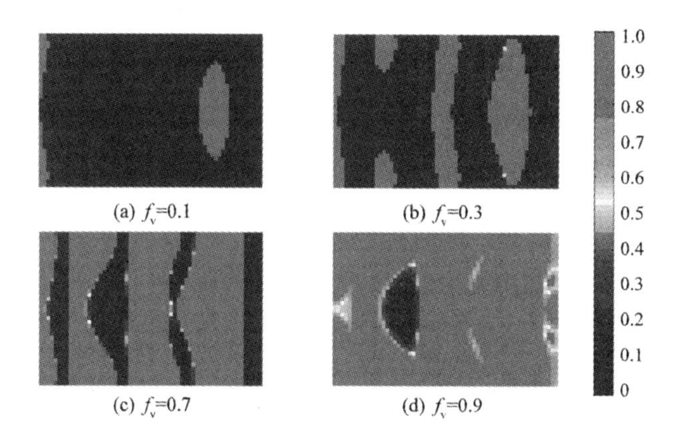

图 5.9 不同体积分数下的优化结果

Fig. 5.9 The optimal designs obtained with different volume fraction

(2)影响优化结果的主要参数

①惩罚函数的影响

首先，考虑式(5.13)中惩罚因子 p_p 对优化解的影响。本例中，选取与前面算例相同的层合板，并考虑载荷频率为 f_p＝105 Hz。选取 3 组不同的惩罚因子 p_p＝2，3，5，其优化结果如图 5.10 所示。可以发现优化结果随惩罚因子 p_p 的增长而发生轻微的改变。从数值经验来看，$p_p=3$ 是一个合适的数值，在后面的算例中均选取 $p_p=3$ 作为惩罚因子。

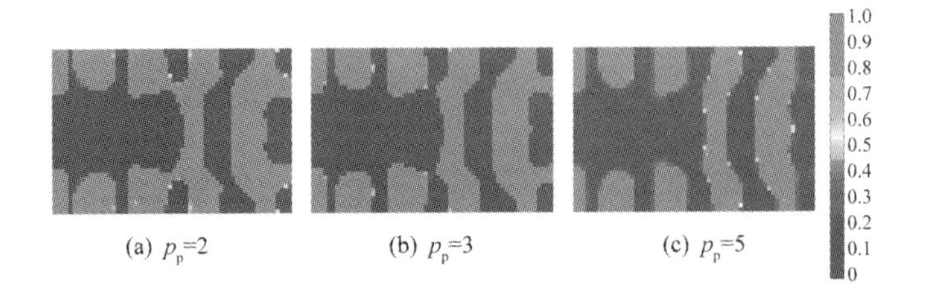

图 5.10　不同惩罚因子下的优化结果

Fig. 5.10 Optimal designs obtained with different penalty factors

②载荷频率的影响

进一步，考虑载荷频率对优化结果的影响。参考点依然位于板中心上方 0.5 m 处。考虑 6 种不同的载荷频率（$f_p=26$ Hz，31 Hz，42 Hz，60 Hz，85 Hz，130 Hz），相应的优化设计如图 5.11 所示。如预期的那样，随着载荷频率的增加，电极材料的最优布局变得更加复杂以抑制因局部振动而产生的局部模态。

(2)指定频率带优化结果

在本例中，考虑在指定载荷频率范围 $f_p=34\sim43$ Hz 的拓扑优化结果。使用式(5.12)中的最大声压凝聚函数作为目标函数，其凝聚参数为 $\eta=10$。电极材料的最优布局如图 5.12 所示。可以发现，在 30～43 Hz 频率所求的最优解与两个指定频率 $f_p=31$ Hz [图 5.11(b)] 和 $f_p=42$ Hz[图 5.11(c)]所得的最优解具有明显的差距。这 3 种最优解所对应的扫频曲线在图 5.13 中给出。可以看到，在某一指定频率下获得的最优拓扑结果只在其加载频率附近

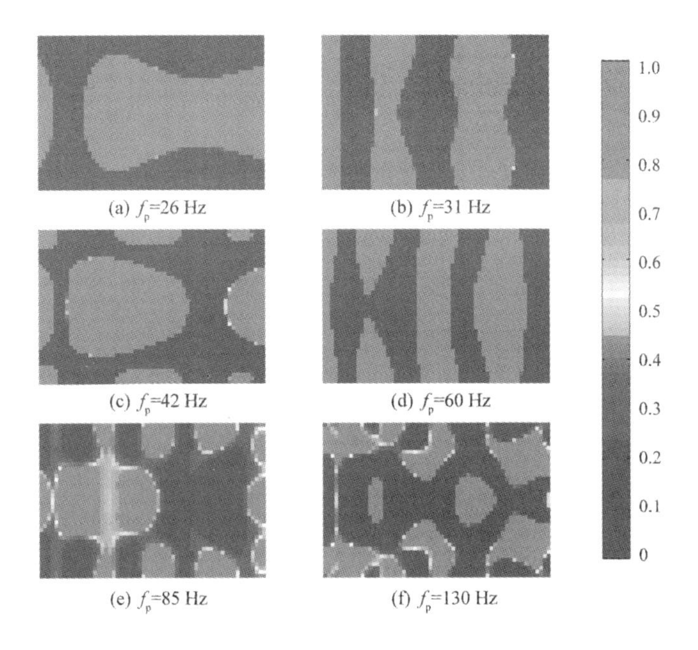

图 5.11 不同载荷频率下电极材料的最优布局

Fig. 5.11 Optimal designs in different excitation frequencies

很小的范围内具有最优的声学性质，而频率范围内所求的最优解在整个考虑的频率带范围内具有更小的声压峰值。

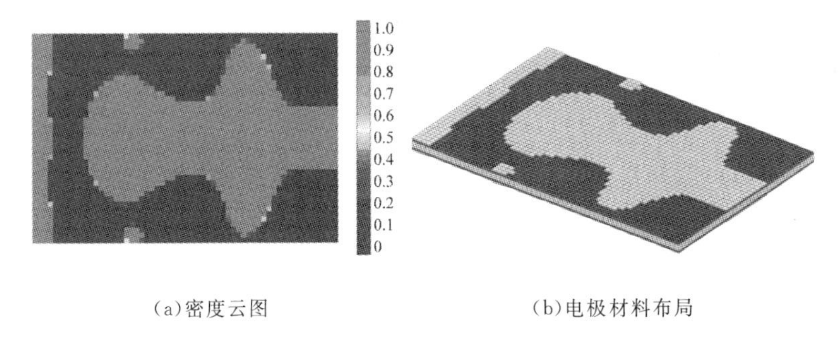

图 5.12 指定载荷频率范围电极材料的最优布局

Fig. 5.12 Optimal layout of electrode coverage for the cantilever

plate excited by fixfrequencies

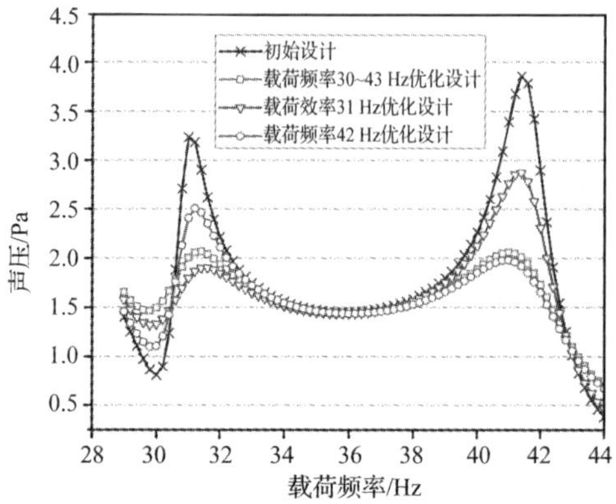

图 5.13 初始设计和优化设计参考点声压幅值扫频曲线

Fig. 5.13 Sound pressure under different excitation frequencies for the optimal and initial designs

5.3.2 算例 2:圆柱壳电极层的拓扑优化

(1)指定频率带优化结果

在本节中,考虑圆柱壳结构压电材料电极层最优拓扑布局问题,如图 5.14 所示。圆柱壳结构的几何尺寸为 $R_{cy}=2.3$ m(半径),$L_{cy}=2.0$ m(长度),$\theta_{cy}=60°$(圆心角),其中心承受简谐激励载荷 $f(t)=Fe^{i\omega_f t}$(其中 $F=20$ N,$\omega_f=2\pi f_p$,$f_p=60$ Hz)。壳结构由基体材料层、压电传感器层、压电作动器层组成,厚度分别为 $t_h=2\times10^{-3}$ m,$t_s=t_a=1\times10^{-4}$ m。基体材料和压电材料的材料属性与 5.3.1 节的算例相同。结构阻尼系数取为 $\alpha=\beta=1\times10^{-4}$。电荷放大器增益系数为 $G_s=1\times10^5$ V/A,速度负反馈控制系数为 $G_a=40$。振动分析中将结构共划分为 3 000 个 4 节点 Mindlin 壳单元,声辐射分析中将壳结构的表层和底层划分为6 000个4节点边界单元。壳中心点上0.7 m处的参考点声压取为目标函数。电极材料的体积分数取为$f_v=0.4$,所有设计变量在初始设计中均取为$\rho_e=0.4(e=1,2,\cdots,3\ 000)$。在响应和灵敏度分析中考虑结构的前60阶特征模态。

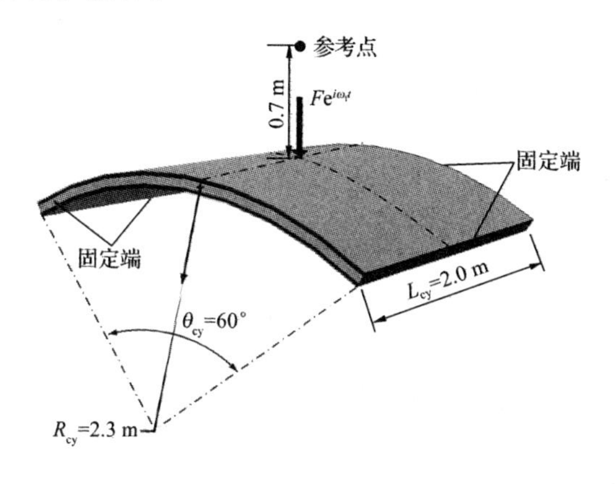

图5.14 四边固支圆柱壳

Fig. 5.14 A four edge clamped cylindrical shell

优化过程在55步之后收敛,参考点声压从初始设计中的$\|p_r\|=5.608$ Pa减小为优化设计中的$\|p_r\|=3.745$ Pa,目标函数和体积分数的迭代历史如图5.15所示,电极材料的最优布局如图5.16所示。图5.17为优化设计压电作动器电压分布云图,可以看出其与电极材料布局能够很好地吻合。初始设计和优化设计中结构振幅云图和表面声压幅值云图如图5.18所示,可以发现结构振幅和表面声压在优化后都显著减小。显然,参考点声压不仅受结构振幅影响,同时也受到结构的几何形状和参考点位置影响,将在后面进行讨论。

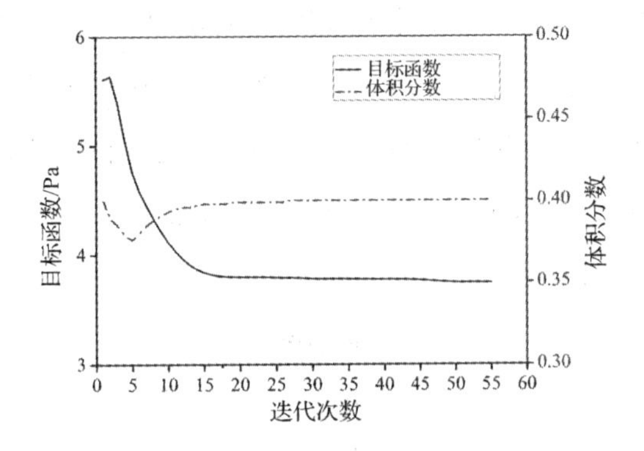

图 5.15 目标函数和体积分数的迭代历史

Fig. 5.15 Iteration histories of objective function value and volume fraction ratio

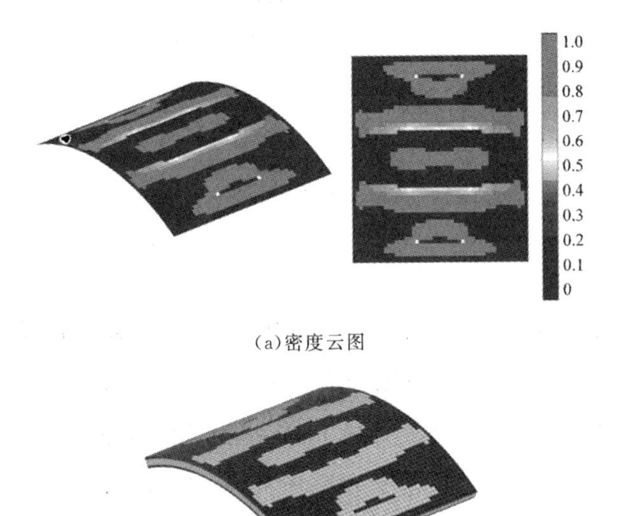

(a)密度云图

(b)电极布局

图 5.16 电极材料的最优布局

Fig. 5.16 Optimal layout of electrode coverage

图 5.17 优化设计压电作动器电压分布云图

Fig. 5.17 Actuator voltage amplitude distribution for the optimal design

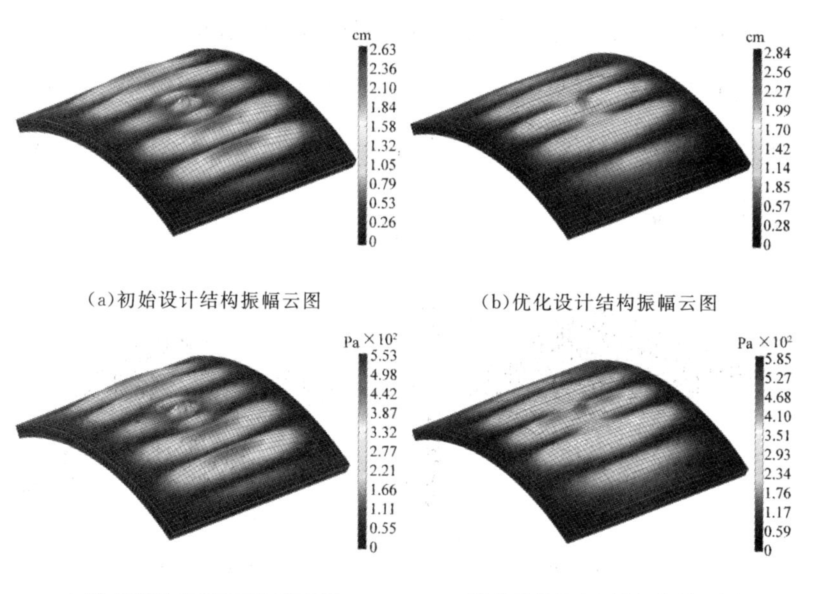

(a)初始设计结构振幅云图　(b)优化设计结构振幅云图

(c)初始设计表面声压幅值云图　(d)优化设计表面声压幅值云图

图 5.18 初始设计和优化设计的比较

Fig. 5.18 Comparison of the initial design and optimal design

(2)压电层合壳声辐射优化与振动优化的比较

为了比较结构声辐射优化与振动优化的区别与联系,需同时考虑结构动力性能的压电材料电极层拓扑优化。在振动优化中,优化目标函数取为结构动柔度。结构外加载荷激励为 65 Hz,振动优化的最优解和电极分布如图 5.19 所示,其相应的振幅云图如图 5.20 所示。为了比较,初始设计、65 Hz 载荷下振动优化设计和声辐射优化设计的动柔度扫频曲线在图 5.21 中给出,可以发现当载荷频率为 $f_p=60\sim70$ Hz 时,以动柔度为优化目标的优化解具有最小的目标函数。进一步地,初始设计、65 Hz 载荷下振动优化设计和声辐射优化设计的参考点声压幅值扫频曲线如图 5.22 所示。显然,结构声辐射优化的优化解在 60～70 Hz 具有最好的声辐射性能。

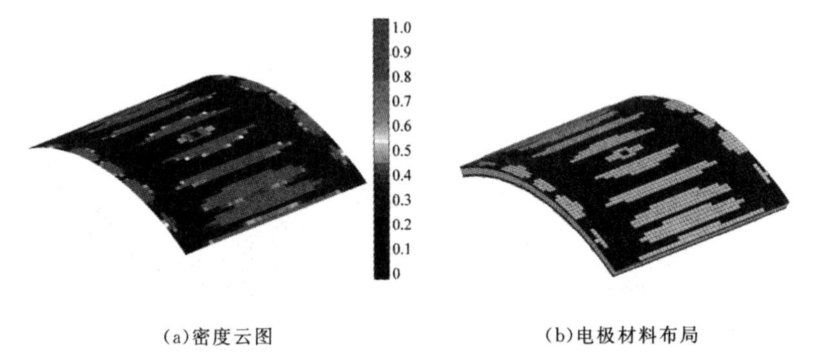

(a)密度云图　　(b)电极材料布局

图 5.19　以动柔度为目标的拓扑优化中电极材料最优布局

Fig. 5.19 Optimal layout of electrode coverage for structural dynamic optimization

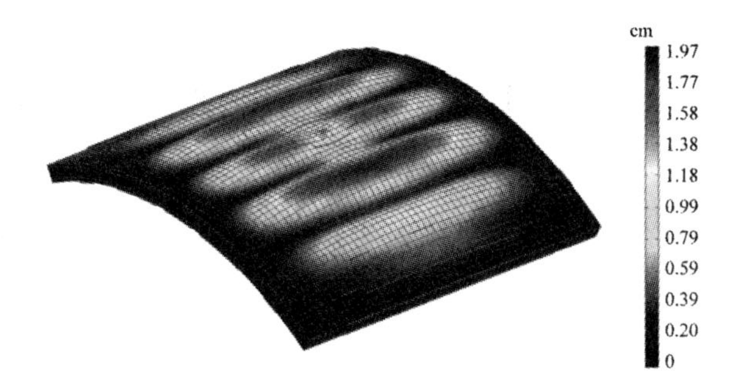

图 5.20　结构振动优化最优解的振幅云图

Fig. 5.20　Vibration amplitude contour of optimal design for structural dynamic optimization

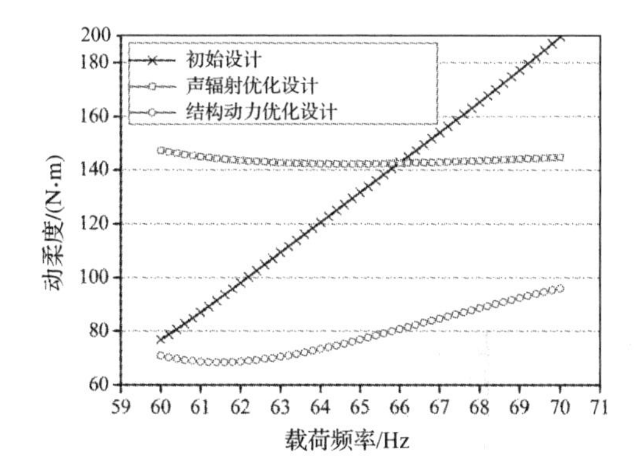

图 5.21　初始设计、结构动力优化和声辐射优化的动柔度扫频曲线

Fig. 5.21　Comparison of dynamic compliance of initial design and optimal designs obtained by sound radiation optimization and structural vibration optimization

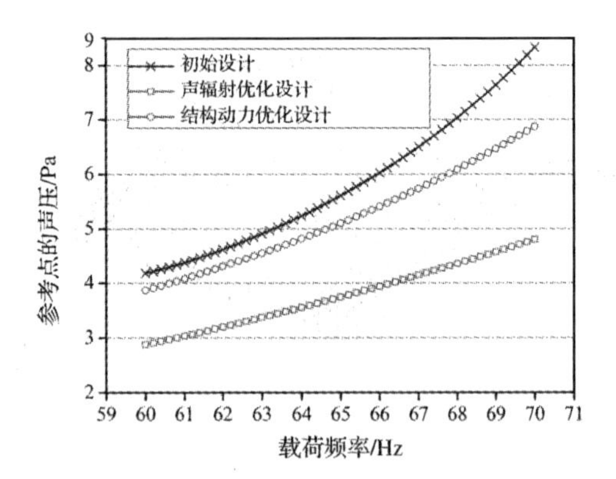

图 5.22　初始设计、结构动力优化和声辐射优化的参考点声压幅值扫频曲线

Fig. 5.22　Comparison of sound pressure of initial design and optimal designs obtained by sound radiation optimization and structural vibration optimization

(3)参考点位置对优化解的影响

进一步,考虑 4 个不同的参考点位置,载荷频率固定为f_p=65 Hz,控制系数为G_c=40,其优化结果如图 5.23 所示。可以发现,当参考点远离振动结构时,结构的优化解只随参考点位置改变发生微小的变化,这意味着当参考点远离振动结构时,结构整体振动程度在优化中占据主导作用,如图 5.23(a)和图 5.23(b)所示。然而,当参考点距离振动结构较近时,结构靠近参考点位置的振动将起到主要作用,因此参考点位置对优化解具有显著的影响,如图 5.23(c)和图 5.23(d)所示。

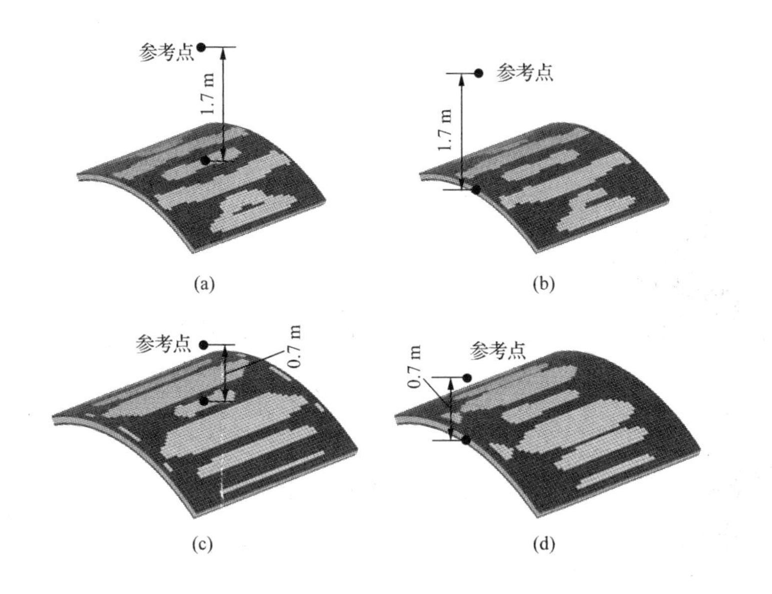

图 5.23 不同参考点位置下电极材料的最优布局

Fig. 5.23 Optimal electrode layout obtained with different reference point positions

6 压电智能结构瞬态动力学拓扑优化方法

结构振动的主动控制近年来一直是科研和工程中的一个热点问题，而如何提高结构主动控制的效果一直是主动控制研究的一个重点。大量的理论与实验研究表明改变压电传感器和压电作动器的布局形式(包括压电传感器与压电作动器的数量、位置、拓扑构型等)能够显著改善主动控制的效果。其中，利用拓扑优化方法来寻找压电传感器和压电作动器的最优布局被认为是一种非常有效也极具挑战的提高主动控制效果的方式。

很多研究已经致力于压电材料的最优拓扑布局问题。Silva 和 Kikuchi 最早将电力耦合系数作为目标函数引入到压电材料最优拓扑布局的研究中。Wang 等利用遗传算法研究了速度负反馈控制下振动结构压电传感器和压电作动器的最优布局问题。Mello 等考虑以最大化传感器对外加载荷灵敏度为目标的压阻传感器和柔性基体板联合拓扑优化问题。

大多数结构动力学拓扑优化的研究考虑结构的固有频率性质

和简谐载荷条件下的稳态动力学响应。然而，实际工程中存在大量的非简谐周期动力载荷和冲击载荷，因此考虑瞬态动力学响应的拓扑优化依然十分重要。Min 和 Kikuchi 首次研究了瞬态外激励下的结构动力学拓扑优化，其中将结构的动刚度在指定时间段内的积分作为目标函数。Kang 和 Jang 等在瞬态动力学优化中引入了等效静载荷的方法以提高计算结构瞬态动力学响应及灵敏度分析的效率。Dahl 等提出了以减小指定位置最小瞬态动力学响应为目标的拓扑优化问题来实现周期分布材料的带隙特性。

上述优化研究主要基于被动控制的手段（改变结构的刚度、质量分布）提高结构对瞬态冲击的抵抗能力。然而在实际工程中，利用主动控制的手段来减小结构瞬态响应显然更加直接、有效，利用拓扑优化技术设计主动控制器的布局以提高结构主动控制的效率也显得十分必要。然而，基于主动控制的结构瞬态动力学响应灵敏度分析较为复杂且需要消耗大量的计算时间，因此直至目前依然没有相关工作致力于以减小主动控制下结构瞬态动力学响应为目标的压电材料最优拓扑布局问题的研究，本章正是针对这一问题展开了相关工作。

本章主要论述了瞬态载荷作用下基于主动控制的压电层合板结构压电材料的最优拓扑布局问题。如图 6.1 所示，压电传感器层和压电作动器层分布在薄壁基体结构的上表面，它们具有相同的分布形式，但具有相反的极化方向。结构受到一个瞬态的外加激励，为了控制结构的动响应，每一个压电传感器都连接到一个电荷放大器，并通过速度负反馈控制器将压电传感器输出电压转化为压电作动器控制电压，施加在相应的压电作动器上，以减小结构的振动。结构通过有限单元法进行离散并通过时间积分法计算结构的瞬态动力学响应。在优化模型中使用了单元密度设计变量表征压电传感器/压电作动器的有无并引入惩罚模型消除中间密度变量，基于伴随变量法推导了在给定时间段内一般形式的动力学响应目标函数的灵敏度，利用基于梯度的数学规划方法对优化问题进行求解。通过数值算例验证了本章所提方法的有效性，并讨论了影响优化结果的一些主要参数。

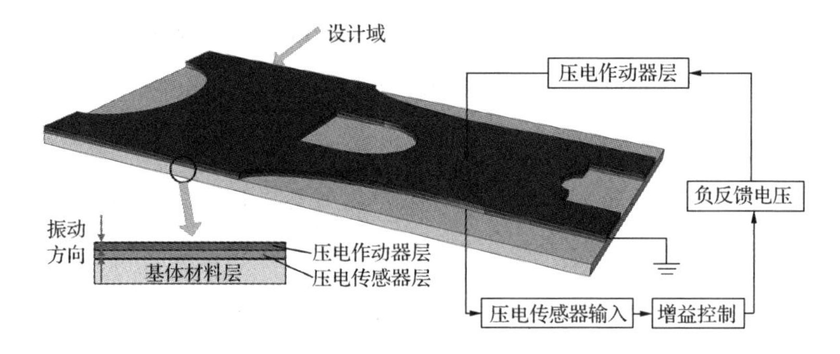

图 6.1　最佳压电传感器/作动器布局构型

Fig. 6.1　Configuration of piezoelectric structures with optimal sensor/actuator coverage

6.1　基于主动控制的瞬态动力学响应分析方法

在本章中，主要考虑压电层合板表面压电传感器层和压电作动器层的最优布局问题，其构型如图 6.1 所示。结构受到外加瞬态激励 $\boldsymbol{F}(t)$ 以及由压电作动器产生的压电控制力 $\boldsymbol{F}_{\mathrm{a}}(t)$ 的共同作用。利用有限单元法对结构进行离散可以得到其动力学控制方程为

$$\boldsymbol{M}\ddot{\boldsymbol{u}}(t)+\boldsymbol{C}\dot{\boldsymbol{u}}(t)+\boldsymbol{K}\boldsymbol{u}(t)=\boldsymbol{F}(t)+\boldsymbol{F}_{\mathrm{a}}(t)$$

$$\dot{\boldsymbol{u}}|_{t=0}=\boldsymbol{v}_0,\boldsymbol{u}|_{t=0}=\boldsymbol{u}_0 \tag{6.1}$$

式中，$\boldsymbol{M}\in\boldsymbol{R}^{n\times n}$，$\boldsymbol{C}\in\boldsymbol{R}^{n\times n}$，$\boldsymbol{K}\in\boldsymbol{R}^{n\times n}$分别为质量矩阵、阻尼矩阵、刚度矩阵；$\boldsymbol{u}(t)\in\boldsymbol{R}^{n\times l}$，$\dot{\boldsymbol{u}}(t)\in\boldsymbol{R}^{n\times l}$，$\ddot{\boldsymbol{u}}(t)=\boldsymbol{R}^{n\times l}$分别为结构的瞬态位移、速度、加速度向量；$\boldsymbol{u}_0\in\boldsymbol{R}^{n\times l}$，$\boldsymbol{v}_0\in\boldsymbol{R}^{n\times l}$分别为结构初始位移和初始速度向量。这里，$n$为结构自由度总数。

由于结构由基体材料层、压电作动器层和压电传感器层共同组成，因此其整体质量矩阵$\boldsymbol{M}$和刚度矩阵$\boldsymbol{K}$可以写成$\boldsymbol{M}=\boldsymbol{M}_{\mathrm{b}}+\boldsymbol{M}_{\mathrm{a}}+\boldsymbol{M}_{\mathrm{s}}$和$\boldsymbol{K}=\boldsymbol{K}_{\mathrm{b}}+\boldsymbol{K}_{\mathrm{a}}+\boldsymbol{K}_{\mathrm{s}}$，其中，b、a、s分别表示基体材料层、压电作动器层和压电传感器层的贡献。由于压电材料层与基体材料层相比起厚度十分小，因此在本章中压电材料层的阻尼效应忽略，结构整体的阻尼矩阵可以表示为$\boldsymbol{C}=\boldsymbol{C}_{\mathrm{b}}$。

式(6.1)中的压电作动力是由作用在压电作动器上的作动电压$\boldsymbol{\Phi}_{\mathrm{a}}(t)$和压电作动器层的电-力耦合系数矩阵$\boldsymbol{K}_{\mathrm{u\varphi}}$共同决定的，即

$$\boldsymbol{F}_{\mathrm{a}}(t)=\boldsymbol{K}_{\mathrm{u\varphi}}\boldsymbol{\Phi}_{\mathrm{a}}(t) \tag{6.2}$$

其中

$$\boldsymbol{K}_{\mathrm{u\Phi}}=\int_{\Omega_{\mathrm{a}}}\boldsymbol{B}_{\mathrm{u}}^{\mathrm{T}}\boldsymbol{e}\boldsymbol{B}_{\Phi}\,\mathrm{d}\Omega \tag{6.3}$$

式中，B_{u}和B_{Φ}分别为应变位移矩阵和电场-电势关系矩阵；Ω_{a}为压电作动器所占据的体积。压电作动电压$\Phi_{\mathrm{a}}(t)$由压电传感器输出电压Φ_{s}和相应的控制方法共同决定，在本章中依然使用在4.2节中介绍的基于速度负反馈的控制方法(CGVF)，这里不再重复。最终，基于速度负反馈主动控制的压电作动器作动电压可以表示为

$$\boldsymbol{\Phi}_{\mathrm{a}}(t)=-\boldsymbol{G}_{\mathrm{a}}\boldsymbol{G}_{\mathrm{s}}\boldsymbol{K}_{\Phi\mathrm{u}}\dot{\boldsymbol{u}}(t) \tag{6.4}$$

通过定义主动阻尼矩阵 $\boldsymbol{C}_{\mathrm{A}}=\boldsymbol{K}_{\mathrm{u}\Phi}\boldsymbol{G}_{\mathrm{a}}\boldsymbol{G}_{\mathrm{s}}\boldsymbol{K}_{\Phi\mathrm{u}}$，压电控制力可以进一步写成

$$\boldsymbol{F}_{\mathrm{a}}(t)=-\boldsymbol{C}_{\mathrm{A}}\dot{\boldsymbol{u}}(t) \tag{6.5}$$

将式(6.5)代入式(6.1)中，结构动力学方程可以改写为

$$\boldsymbol{M}\ddot{\boldsymbol{u}}(t)+(\boldsymbol{C}+\boldsymbol{C}_{\mathrm{A}})\dot{\boldsymbol{u}}(t)+\boldsymbol{K}\boldsymbol{u}(t)=\boldsymbol{F}(t)$$

$$\dot{\boldsymbol{u}}\big|_{t=0}=\boldsymbol{v}_0,\boldsymbol{u}\big|_{t=0}=\boldsymbol{u}_0 \tag{6.6}$$

式(6.6)可以通过直接时间积分法进行求解，在本章中采用无条件稳定的 Newmark 方法对结构动力学方程进行求解，很多经典的结构动力学教材对 Newmark 方法及其他时间积分方法均有详细介绍，在此不再赘述。

6.2 拓扑优化列式及灵敏度分析

6.2.1 优化问题列式

在本章中，考虑在外加瞬态激励和主动控制共同作用下结构的压电作动器层和压电传感器层最优拓扑布局问题。拓扑优化的目标函数为减小在指定时间段$[T_1,T_2]$的结构振动程度。假设关心的结构响应的形式为 $g=g[\boldsymbol{u}(t),t]$，那么其目标函数可以表达为

$$f=\int_{T_1}^{T_2}g[\boldsymbol{u}(t),t]\mathrm{d}t \tag{6.7}$$

在实际应用中，多种不同的结构响应函数可以被选作目标函数，下面给出几种典型目标函数的例子。

(1) 指定时间段内的结构振动响应

这类目标函数可以表达为$\int_{T_1}^{T_2} g[\boldsymbol{u}(t)]\mathrm{d}t$。例如，在某一指定自由度的振幅响应 u_{target} 的平方在指定时间$[T_1, T_2]$可以定义为

$$f = \int_{T_1}^{T_2} u_{\text{target}}^2(t)\mathrm{d}t \tag{6.8}$$

(2) 指定时间段内的结构动柔度

在外加激励 $\boldsymbol{F}(t)$ 时，结构整体在$[T_1, T_2]$时间段内的平均动柔度可以定义为

$$f = \int_{T_1}^{T_2} \boldsymbol{u}^{\mathrm{T}}(t)\boldsymbol{F}(t)\mathrm{d}t \tag{6.9}$$

(3) 指定时间段内的加权振动响应

继续考虑一种更普遍的目标函数，通过结构振动响应 $g[u(t)]$ 和权函数 $w(t)$ 进行定义为

$$f = \int_0^{\infty} w(t)g[\boldsymbol{u}(t)]\mathrm{d}t \tag{6.10}$$

式中，权函数 $w(t)$ 可以具有各种不同的形式。例如，当权函数取为狄拉克 δ 函数 $w(t) = \delta(t - T^*)$[当 $\tau = 0$ 时，$\delta(\tau) = \infty$；当 $\tau \neq 0$ 时，$\delta(\tau) = 0$；且$\int_{-\infty}^{\infty} \delta(\tau)\mathrm{d}\tau = 1$]时，响应函数取为 $g = u_{\text{target}}^2(t)$，目标函数即 $f = u_{\text{target}}^2(T^*)$，这意味着在优化中只考虑指定目标自由度在特定时间点 T^* 的振幅。

利用基于材料密度描述模型，结构拓扑优化模型可以表达为

$$
\begin{aligned}
\min_{\boldsymbol{x}} \quad & f(\boldsymbol{x}) = \int_{T_1}^{T_2} g[\boldsymbol{u}(t), t]\mathrm{d}t \\
\text{s. t.} \quad & \boldsymbol{M}(\boldsymbol{x})\ddot{\boldsymbol{u}} + [\boldsymbol{C} + \boldsymbol{C}_{\mathrm{A}}(\boldsymbol{x})]\dot{\boldsymbol{u}} + \boldsymbol{K}(\boldsymbol{x})\boldsymbol{u} = \boldsymbol{F} \\
& \dot{\boldsymbol{u}}\,|_{t=0} = \boldsymbol{v}_0, \boldsymbol{u}\,|_{t=0} = \boldsymbol{u}_0 \\
& \sum_{e=1}^{N_e} x_e V_e - f_{\mathrm{v}} \sum_{e=1}^{N_e} V_e \leqslant 0 \\
& 0 < \underline{x} \leqslant x_e \leqslant 1 \quad (e = 1, 2, \cdots, N_e)
\end{aligned}
\tag{6.11}
$$

式中,基于单元密度的设计向量 $\boldsymbol{x} = (x_1 \quad x_2 \quad \cdots \quad x_{N_e})^{\mathrm{T}}$ 表示用于描述压电作动器层和压电传感器层的布局(如图 6.2 所示),N_e 为设计域内有限单元总数;单元设计变量的下限取为 $\underline{x} = 10^{-6}$;f_{v} 为提举分数约束;V_e 为第 e 个单元的体积。这里体积约束不仅用于限制结构质量,同时也限制了主动控制电路系统的复杂程度。

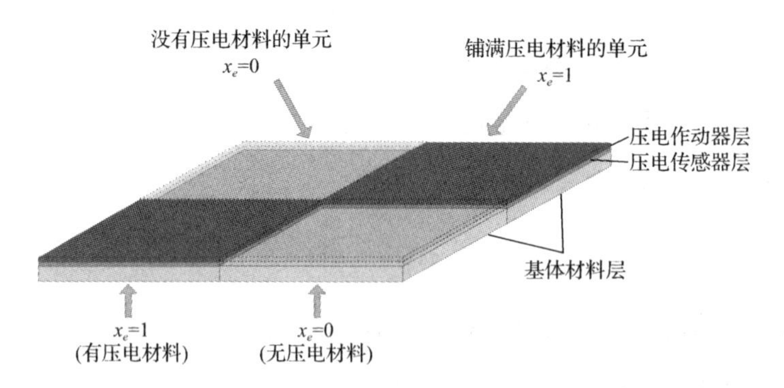

图 6.2 压电材料单元设计变量

Fig. 6.2 Density design variables of piezoelectric material

基于 SIMP 方法的传统人工材料模型,结构的整体质量矩阵 $\boldsymbol{M}$ 和刚度矩阵 $\boldsymbol{K}$ 可以表示为

$$\boldsymbol{M} = \sum_{e=1}^{N_e} \overline{\boldsymbol{M}}_{\mathrm{h}}^e + \sum_{e=1}^{N_e} x_e (\overline{\boldsymbol{M}}_{\mathrm{a}}^e + \overline{\boldsymbol{M}}_{\mathrm{s}}^e) \tag{6.12}$$

$$\boldsymbol{K} = \sum_{e=1}^{N_e} \overline{\boldsymbol{K}}_{\mathrm{h}}^e + \sum_{e=1}^{N_e} x_e^{p_1} (\overline{\boldsymbol{K}}_{\mathrm{a}}^e + \overline{\boldsymbol{K}}_{\mathrm{s}}^e) \tag{6.13}$$

式中，$p_1 > 1$ 为惩罚函数；$\overline{M}_{\mathrm{h}}^e$、$\overline{M}_{\mathrm{a}}^e$、$\overline{M}_{\mathrm{s}}^e$ 为充满材料时单元质量矩阵，其中，h、a、s 分别表示结构基体材料层、压电作动器层、压电传感器层。

另外，带有惩罚的人工压电材料模型可以用来定义单元主动阻尼矩阵 $\boldsymbol{C}_{\mathrm{A}}$ 为

$$\boldsymbol{C}_{\mathrm{A}}^e = x_e{}^{p_2} \overline{\boldsymbol{C}}_{\mathrm{A}}^e \quad (e = 1,2,\cdots,N_e) \tag{6.14}$$

式中，$\overline{\boldsymbol{C}}_{\mathrm{A}}^e$ 是第 e 个单元充满压电材料时的主动阻尼矩阵；$p_2 > 1$ 为压电效应的惩罚函数。

6.2.2 灵敏度分析

如式(6.11)中的优化问题通常使用基于梯度的数学规划方法进行求解，因此需要对推导目标函数对设计变量的灵敏度。对于一般性的结构响应目标函数 $f = \int_{T_1}^{T_2} g[\boldsymbol{u}(t),t]\mathrm{d}t$，其对设计变量 $x_e(e = 1,2,\cdots,N_e)$ 的灵敏度可以写成

$$\frac{\partial f}{\partial x_e} = \frac{\partial \int_0^{T_2} g[\boldsymbol{u}(t),t]}{\partial x_e} - \frac{\partial \int_0^{T_1} g[\boldsymbol{u}(t),t]}{\partial x_e} \tag{6.15}$$

可以发现，式(6.15)中右端的两项具有相同的形式而仅有不同的终止时刻，因此只需要求解积分 $f^* = \int_0^T g[\boldsymbol{u}(t),t]\mathrm{d}t$ 的灵敏度即可。相应地，通过引入伴随变量 $\boldsymbol{\lambda}(t)$ 可以构造拉格朗日函数为

$$L(\boldsymbol{u},\boldsymbol{\lambda}) = \int_0^T g[\boldsymbol{u}(t),t]\mathrm{d}t + \int_0^T \boldsymbol{\lambda}^{\mathrm{T}}[\boldsymbol{M}\ddot{\boldsymbol{u}} + (\boldsymbol{C}+\boldsymbol{C}_{\mathrm{A}})\dot{\boldsymbol{u}} + \boldsymbol{K}\boldsymbol{u} - \boldsymbol{F}(t)]\mathrm{d}t \tag{6.16}$$

利用链式法则将拉格朗日函数 L 对设计变量 $x_e(e=1,2,\cdots,N_e)$ 求导可得

$$\frac{\partial L}{\partial x_e} = \int_0^T \frac{\partial g}{\partial \boldsymbol{u}}\frac{\partial \boldsymbol{u}}{\partial x_e}\mathrm{d}t + \int_0^T \boldsymbol{\lambda}^{\mathrm{T}}\left[\frac{\partial \boldsymbol{M}}{\partial x_e}\ddot{\boldsymbol{u}} + \frac{\partial(\boldsymbol{C}+\boldsymbol{C}_{\mathrm{A}})}{\partial x_e}\dot{\boldsymbol{u}} + \frac{\partial \boldsymbol{K}}{\partial x_e}\boldsymbol{u} - \frac{\partial f(t)}{\partial x_e}\right]\mathrm{d}t + \int_0^T \boldsymbol{\lambda}^{\mathrm{T}}\left[\boldsymbol{M}\frac{\partial \ddot{\boldsymbol{u}}}{\partial x_e} + (\boldsymbol{C}+\boldsymbol{C}_{\mathrm{A}})\frac{\partial \dot{\boldsymbol{u}}}{\partial x_e} + \boldsymbol{K}\frac{\partial \boldsymbol{u}}{\partial x_e} - \frac{\partial \boldsymbol{F}(t)}{\partial x_e}\right]\mathrm{d}t \tag{6.17}$$

对式(6.17)进行分部积分,可以得到

$$\begin{aligned}
&\int_0^T \boldsymbol{\lambda}^{\mathrm{T}}\left[\boldsymbol{M}\frac{\partial \ddot{\boldsymbol{u}}}{\partial x_e} + (\boldsymbol{C}+\boldsymbol{C}_{\mathrm{A}})\frac{\partial \dot{\boldsymbol{u}}}{\partial x_e} + \boldsymbol{K}\frac{\partial \boldsymbol{u}}{\partial x_e} - \frac{\partial f}{\partial x_e}\right]\mathrm{d}t \\
&= \boldsymbol{\lambda}^{\mathrm{T}}(t)\boldsymbol{M}\frac{\partial \dot{\boldsymbol{u}}(t)}{\partial x_e} - \dot{\boldsymbol{\lambda}}^{\mathrm{T}}(t)M\frac{\partial \boldsymbol{u}(t)}{\partial x_e} + \int_0^T \ddot{\boldsymbol{\lambda}}^{\mathrm{T}}\boldsymbol{M}\frac{\partial \dot{\boldsymbol{u}}}{\partial x_e}\mathrm{d}t + \\
&\quad \boldsymbol{\lambda}^{\mathrm{T}}(t)(\boldsymbol{C}+\boldsymbol{C}_{\mathrm{A}})\frac{\partial \boldsymbol{u}(t)}{\partial x_e} - \int_0^T \dot{\boldsymbol{\lambda}}^{\mathrm{T}}(\boldsymbol{C}+\boldsymbol{C}_{\mathrm{A}})\frac{\partial u}{\partial x_e}\mathrm{d}t + \\
&\quad \int_0^T \boldsymbol{\lambda}^{\mathrm{T}}\left(\boldsymbol{K}\frac{\partial \boldsymbol{u}}{\partial x_e} - \frac{\partial \boldsymbol{F}}{\partial x_e}\right)\mathrm{d}t
\end{aligned} \tag{6.18}$$

将式(6.18)代入式(6.17),可以得到

$$\begin{aligned}
\frac{\partial L}{\partial x_e} &= \int_0^T \boldsymbol{\lambda}^{\mathrm{T}}\left[\frac{\partial \boldsymbol{M}}{x_e}\ddot{\boldsymbol{u}} + \frac{\partial(\boldsymbol{C}+\boldsymbol{C}_{\mathrm{A}})}{x_e}\dot{\boldsymbol{u}} + \frac{\partial \boldsymbol{K}}{x_e}\boldsymbol{u} - \frac{\partial \boldsymbol{F}}{x_e}\right]\mathrm{d}t + \\
&\quad \int_0^T \left[\frac{\partial g}{\partial \boldsymbol{u}} + \ddot{\boldsymbol{\lambda}}^{\mathrm{T}}\boldsymbol{M} - \dot{\boldsymbol{\lambda}}^{\mathrm{T}}(\boldsymbol{C}+\boldsymbol{C}_{\mathrm{A}}) + \boldsymbol{\lambda}^{\mathrm{T}}\boldsymbol{K}\right]\frac{\partial \boldsymbol{u}}{\partial x_e}\mathrm{d}t + \\
&\quad \boldsymbol{\lambda}^{\mathrm{T}}(t)\boldsymbol{M}\frac{\partial \dot{\boldsymbol{u}}(t)}{\partial x_{\mathrm{e}}} + [\boldsymbol{\lambda}^{\mathrm{T}}(t)(\boldsymbol{C}+\boldsymbol{C}_{\mathrm{A}}) - \\
&\quad \dot{\boldsymbol{\lambda}}^{\mathrm{T}}(t)\boldsymbol{M}]\frac{\partial \boldsymbol{u}(t)}{\partial x_e}
\end{aligned} \tag{6.19}$$

式(6.19)对任意的伴随变量 $\boldsymbol{\lambda}(t)$ 均成立,因此伴随变量可以选取为下列方程的解:

$$\begin{cases} \ddot{\boldsymbol{\lambda}}^{\mathrm{T}}\boldsymbol{M}-\dot{\boldsymbol{\lambda}}^{\mathrm{T}}(\boldsymbol{C}+\boldsymbol{C}_{\mathrm{A}})+\boldsymbol{\lambda}^{\mathrm{T}}\boldsymbol{K} = -\dfrac{\partial g}{\partial \boldsymbol{u}} \\ \boldsymbol{\lambda}^{\mathrm{T}}(T) = 0 \\ \dot{\boldsymbol{\lambda}}^{\mathrm{T}}(T) = 0 \end{cases} \tag{6.20}$$

式(6.20)是一个终值问题，要求解这一问题可以利用映射关系 $\tau = T - t$ 将其转化为一个初值问题，可以写成

$$\begin{cases} \dfrac{\mathrm{d}^2\hat{\boldsymbol{\lambda}}^{\mathrm{T}}}{\mathrm{d}\tau^2}\boldsymbol{M}+\dfrac{\mathrm{d}\hat{\boldsymbol{\lambda}}^{\mathrm{T}}}{\mathrm{d}\tau}(\boldsymbol{C}+\boldsymbol{C}_{\mathrm{A}})+\hat{\boldsymbol{\lambda}}^{\mathrm{T}}\boldsymbol{K} = -\dfrac{\partial g}{\partial \boldsymbol{u}} \\ \hat{\boldsymbol{\lambda}}^{\mathrm{T}}(0) = 0 \\ \dfrac{\mathrm{d}\hat{\boldsymbol{\lambda}}^{\mathrm{T}}}{\mathrm{d}\tau}(0) = 0 \end{cases} \tag{6.21}$$

式中

$$\hat{\boldsymbol{\lambda}}(\tau) \xlongequal{\triangle} \boldsymbol{\lambda}(T-\tau)$$

特别地，如果目标函数取为形如 $f=\int_0^T u_{\mathrm{target}}^2\mathrm{d}t$ 的目标函数，伴随变量则需要满足

$$\begin{cases} \ddot{\boldsymbol{\lambda}}^{\mathrm{T}}\boldsymbol{M}-\dot{\boldsymbol{\lambda}}^{\mathrm{T}}(\boldsymbol{C}+\boldsymbol{C}_{\mathrm{A}})+\boldsymbol{\lambda}^{\mathrm{T}}\boldsymbol{K} = -2u_{\mathrm{target}}\boldsymbol{p}_0 \\ \boldsymbol{\lambda}^{\mathrm{T}}(T) = 0 \\ \dot{\boldsymbol{\lambda}}^{\mathrm{T}}(T) = 0 \end{cases} \tag{6.22}$$

式中，$\boldsymbol{p}_0 = (0 \quad \cdots \quad 0 \quad 1 \quad 0 \quad \cdots \quad 0) \in \boldsymbol{R}^{l\times n}$，在目标自由度为1，在其余位置为0。

求解伴随变量方程式(6.22)与求解结构瞬态位移响应相同，可以利用隐式 Newmark 方法，将式(6.12)、式(6.13)和式(6.21)代入式(6.19)中，可得目标函数的灵敏度为

$$\frac{\partial f}{\partial x_e}=\int_0^T \boldsymbol{\lambda}^{\mathrm{T}}[(\overline{\boldsymbol{M}}_{\mathrm{a}}^e+\overline{\boldsymbol{M}}_{\mathrm{s}}^e)\ddot{\boldsymbol{u}}+p_2x_e^{(p_2-1)}\overline{\boldsymbol{C}}_{\mathrm{A}}^e\dot{\boldsymbol{u}}+p_1x_e^{(p_1-1)}(\overline{\boldsymbol{K}}_{\mathrm{a}}^e+\overline{\boldsymbol{K}}_{\mathrm{s}}^e)\boldsymbol{u}]\mathrm{d}t \tag{6.23}$$

6.3 瞬态动力载荷下压电智能结构优化算例

本节将给出一些算例以验证灵敏度分析和问题优化方法,进而讨论影响优化结果的一些重要参数。优化问题使用 GCMMA 方法求解,优化过程将在两次迭代步之间目标函数差小于 1×10^{-3}时收敛停止。在所有的数值算例中,使用 4 节点四边形 Mindlin 壳有限单元对振动结构进行离散。优化问题的目标函数取为 $f=\int_0^T u_{\text{target}}^2\,\mathrm{d}t$,其中 u_{target} 为指定位置的位移。惩罚函数取为 $p_1=p_2=3$。

6.3.1 算例 1:冲击载荷下悬臂板的拓扑优化

首先考虑在自由边中点(点 Ⅰ)受到冲击载荷 $F(t)$ 的悬臂板表面压电材料层的最优布局问题,如图 6.3 所示。层合板的几何尺寸为 $a=1.2$ m,$b=0.8$ m,基体材料板厚度为 $t_{\mathrm{b}}=0.01$ m,压电作动器层和压电传感器层厚度为 $t_{\mathrm{s}}=t_{\mathrm{a}}=5\times10^{-4}$ m。基体材料层材料属性为 $E_{\mathrm{b}}=6.9\times10^{10}$ N/m^2,$\rho_{\mathrm{b}}=2\ 700$ kg/m^3,$v_{\mathrm{b}}=0.3$。压电传感器和压电作动器材料属性(PZT-5A) 见表 6.1。结构基体层的阻尼材料系数取为 $\alpha=\beta=5\times10^{-5}$。电荷放大器增益系数为 $G_{\mathrm{c}}=1\times10^5$ V/A,负反馈控制系数为 $G_{\mathrm{a}}=100$。冲击载荷 - 时间曲线如图 6.4 所示。目标函数中所考虑时间段的终止时刻为 $T=0.05$ s,时域积分方法的时间步长取为 $\Delta t=2\times10^{-4}$ s。

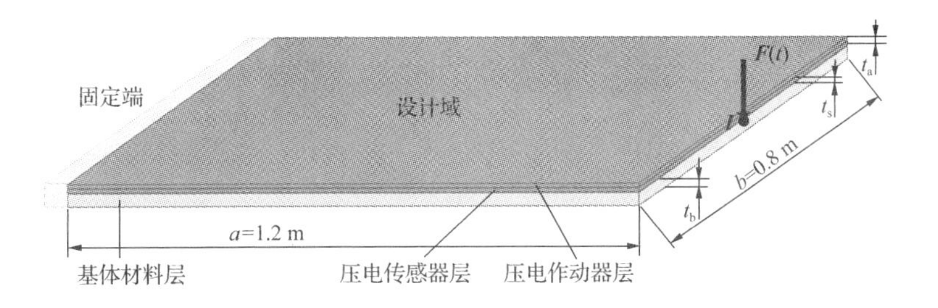

图 6.3 自由端中点受到冲击载荷的压电层合板

Fig. 6.3 A cantilever plate subject to an impact load at the midpoint of the free end

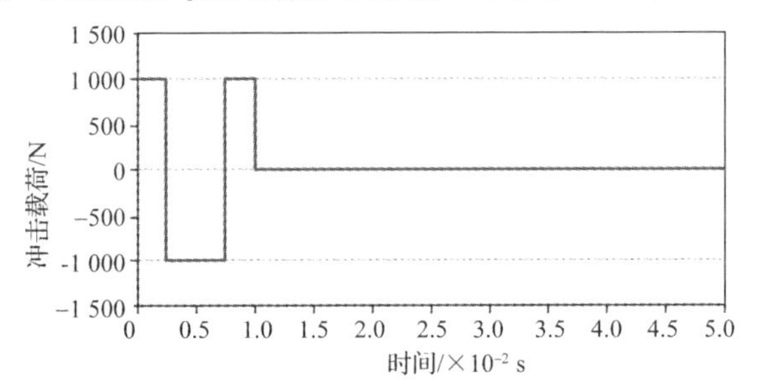

图 6.4 悬臂板冲击载荷-时间曲线

Fig. 6.4 Time history of the impact force applied to the cantilever plate

表 6.1 压电传感器/压电作动器材料属性

Tab. 6.1 Material properties of piezoelectric sensor/actuator layers

弹性常数	$C_{11}=1.076\times10^{11}$ N/m², $C_{12}=6.31\times10^{10}$ N/m²
	$C_{13}=6.39\times10^{10}$ N/m², $C_{33}=1.004\times10^{11}$ N/m²
	$C_{44}=1.96\times10^{10}$ N/m², $C_{66}=1.004\times10^{11}$ N/m²
质量密度	$\rho^{\text{piezo}}=7\ 800$ kg/m³
压电常数	$e_{31}=e_{32}=-9.6$ C/m², $e_{33}=15.1$ C/m²
	$e_{33}=15.1$ C/m², $e_{15}=e_{25}=12.0$ C/m²

(1)灵敏度分析验证

首先,对灵敏度分析结果进行验证,将设计域离散为(15×10)个大小均一的 Mindlin 壳单元。所有设计变量均取为 $x_e=0.5$($e=$

1,2,…,150)。目标函数对设计变量的灵敏度数值如图 6.5 所示。作为对比,利用有限差分法(FDM)灵敏度分析的结果(设计变量摄动值为 0.1%)也在图中给出。如图 6.5 所示,本书方法与有限差分法求解的结果能够很好地吻合,本书方法计算时间(6.2 s)远远短于有限差分法的计算时间(375.8 s)。

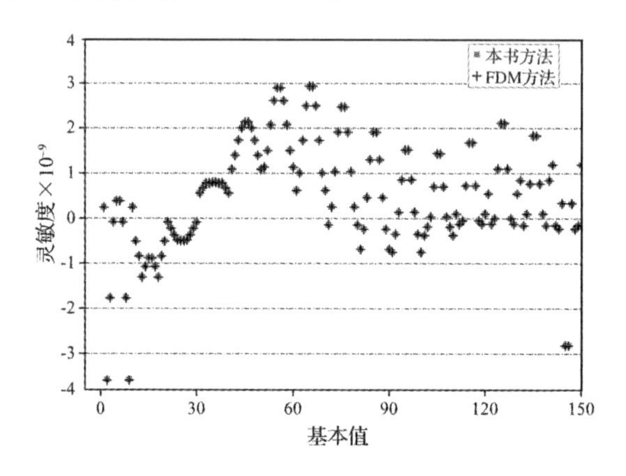

图 6.5 本书方法与有限差分法灵敏度分析结果比较

Fig. 6.5 Sensitivity analysis results of the present method and FDM

(2)优化结果

在接下来的优化算例中,设计域划分为(60×40)个壳单元。压电材料的体积约束分数取为 $f_v=0.5$,初始设计中所有设计变量密度取为 $x_e=0.5(e=1,2,\cdots,2\ 400)$。优化问题的目标函数取为加载点振幅的平方在时间段$[0,T](T=0.05\ s)$内的积分。

优化过程在迭代 50 步后收敛,中间解和最优解分别如图 6.6 和图 6.7 所示。目标函数和体积分数的迭代历史如图 6.8 所示,目标函数从初始设计中的 7.99 $m^2\cdot s$ 稳定地减小到优化设计中的 3.77 $m^2\cdot s$。初始设计和优化设计频率比较见表 6.2,可以发现,优化设计中最大的频率变化仅仅比初始设计增加了 5.40%,这意味着频率变化在优化中并未起到主要作用，对优化结果有主要影响的是主动控制。优化设计中目标位置(点Ⅰ)在[0,4T]时间段内位移-时间曲线如图6.9所示。在5个指定的时刻$t=2.0\times10^{-2}$ s，2.2×10^{-2} s，2.4×10^{-2} s，2.6×10^{-2} s，2.8×10^{-2} s，优化设计的位移云图如图6.10所示。同时，相应的控制电压分布云图如图6.11所示，可以发现控制电压分布能够与压电材料的分布很好地吻合。

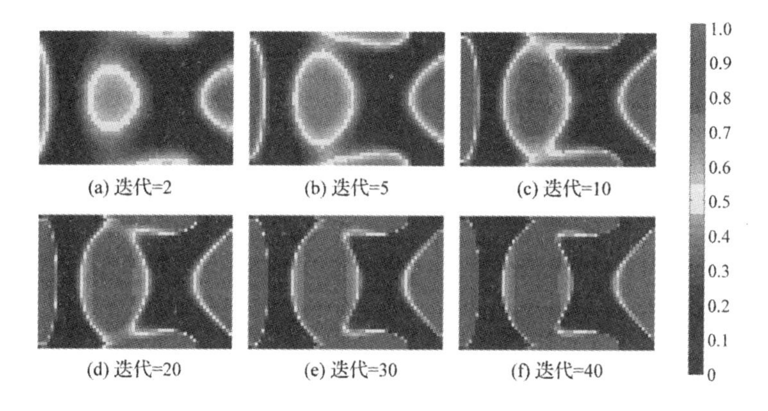

图6.6　悬臂板拓扑优化的中间解

Fig. 6.6　Intermediate solutions in the topology optimization for the cantilever plate

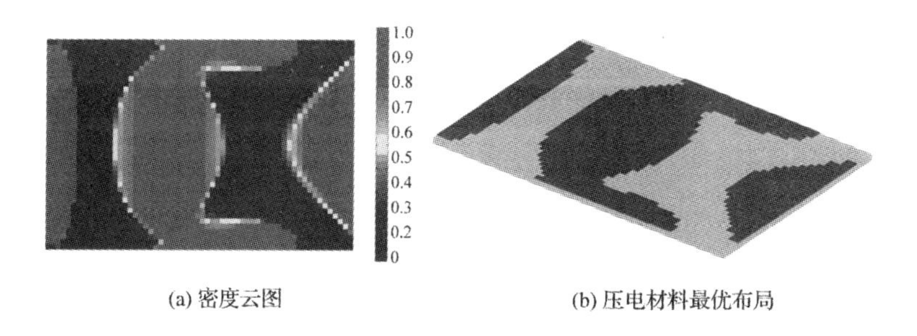

图6.7　悬臂板拓扑优化的最优解

Fig. 6.7　Optimal solutions in the topology optimization for the cantilever plate

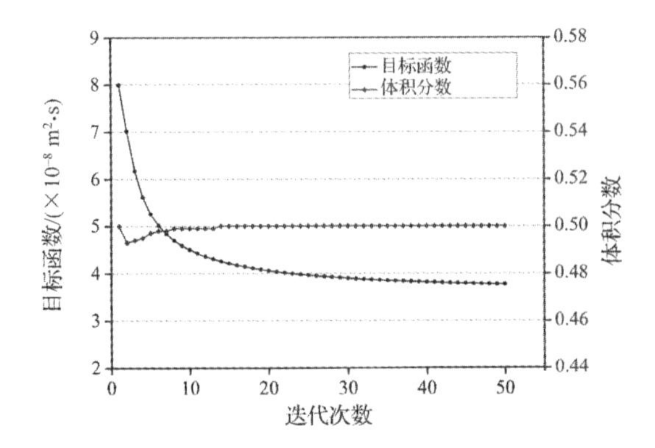

图 6.8 目标函数和体积分数的迭代历史

Fig. 6.8 Iteration histories of objective function value and volume fraction ratio

表 6.2 初始设计和优化设计频率比较

Tab. 6.2 Comparisons of frequencies for the initial design and the optimal design

阶数	初始设计/Hz	优化设计/Hz	变化率/%
1	5.701	5.954	4.44
2	18.799	19.531	3.89
3	35.324	36.531	3.42
4	63.696	66.069	3.73
5	87.627	90.673	3.48
6	102.072	107.390	5.21
7	130.636	137.696	5.40
8	138.936	144.478	3.99
9	197.528	207.147	4.87
10	217.727	227.077	4.29

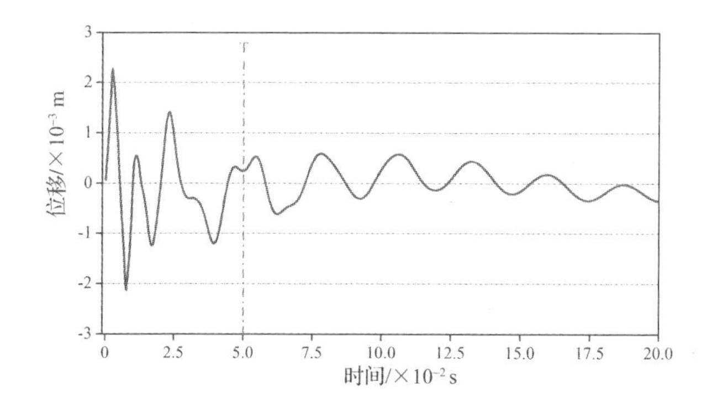

图 6.9 目标位置位移-时间曲线

Fig. 6.9 Time history of the displacement response at target point

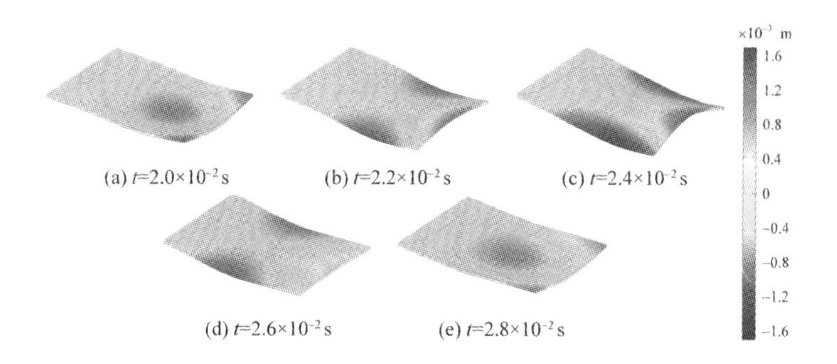

图 6.10 优化设计在不同时刻位移云图

Fig. 6.10 Displacement contours at different time instants for the optimal design

作为比较，考虑 5 种不同的参考设计，其压电材料用量均为满布的 50%，如图 6.12 所示。有/无主动控制下优化设计和参考设计的目标函数值见表 6.3。在时间段[0, T]，有、无主动控制下目标位置（点Ⅰ）位移-时间曲线分别如图 6.13 和图 6.14 所示。可以发现，具有主动控制的结构拓扑优化解具有在所有设计中具有最

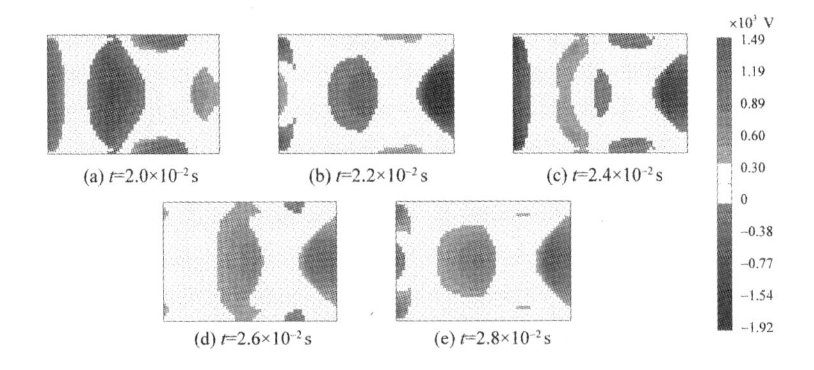

图 6.11 优化设计在不同时刻控制电压分布云图

Fig. 6.11 Voltage contours at different time instants for the optimal design

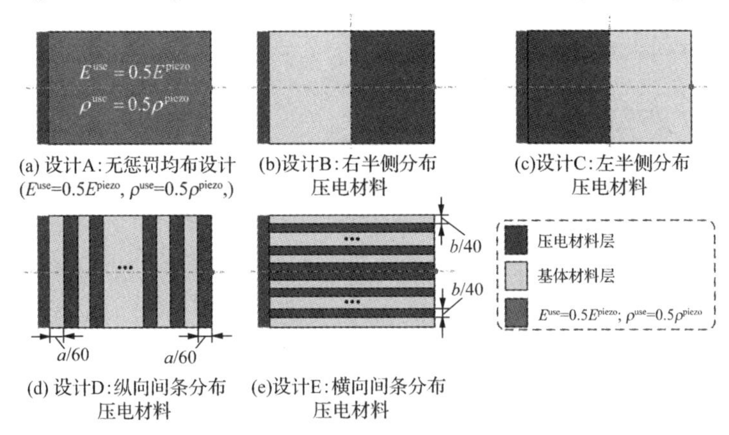

图 6.12 5 种不同的参考设计

Fig. 6.12 Five different reference designs

优的控制效果。当主动控制关闭时,结构拓扑优化结果依然具有最好的动力性能,但优势并不十分明显。这也说明了结构拓扑优化过程中,主要改进了结构主动控制的控制效果,而不是改变结构刚度/质量特性。

表 6.3 有/无主动控制下优化设计和参考设计的目标函数值

Tab. 6.3 Comparisons of the objective functions for optimal designs and reference designs with/without active control

	主动控制下目标函数/ ($\times 10^{-8}$ $m^2 \cdot s$)	无控制下目标函数/ ($\times 10^{-8}$ $m^2 \cdot s$)
拓扑优化设计	3.77	21.16
设计 A	6.07	28.80
设计 B	10.07	23.80
设计 C	9.14	33.08
设计 D	9.15	28.22
设计 E	8.03	27.51

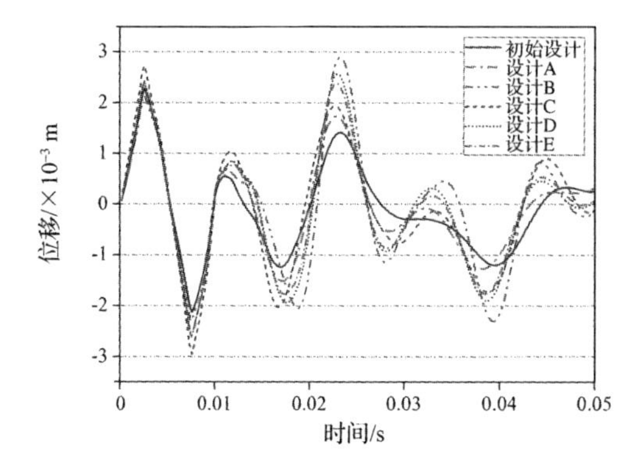

图 6.13 主动控制下优化设计和参考设计目标位置位移-时间曲线

Fig. 6.13 Time histories of the displacement response at target point for optimal design and reference designs with active control

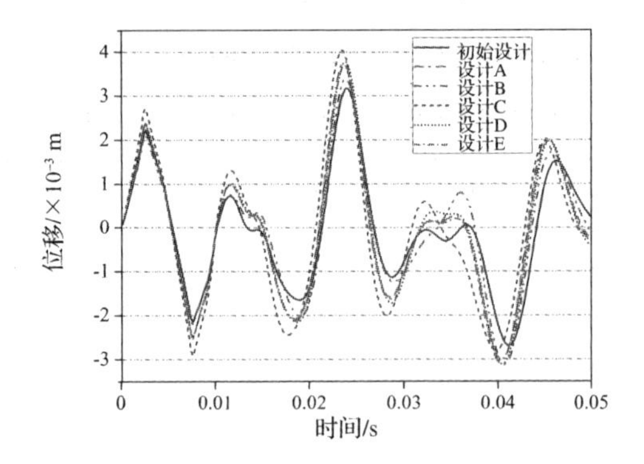

图 6.14 无主动控制下优化设计和参考设计目标位置位移-时间曲线

Fig. 6.14 Time histories of the displacement response at target point for optimal design and reference designs without active control

为了考察体积约束对优化结果的影响，考虑两种不同的体积分数(40%和 60%)，其优化解如图 6.15 所示。可以发现体积分数发生变化时，优化解的拓扑构型基本不变，体积分数增大时，只是将上部和下部边界的孤岛区域连接起来。不同体积分数下初始设计和优化设计的目标函数见表 6.4，相应目标位置位移-时间曲线如图 6.16 所示。在这里，当压电材料体积约束增大时，将获得更好的控制效果。同时应当指出，使用的压电材料越多，主动控制所需的控制电路也越复杂。

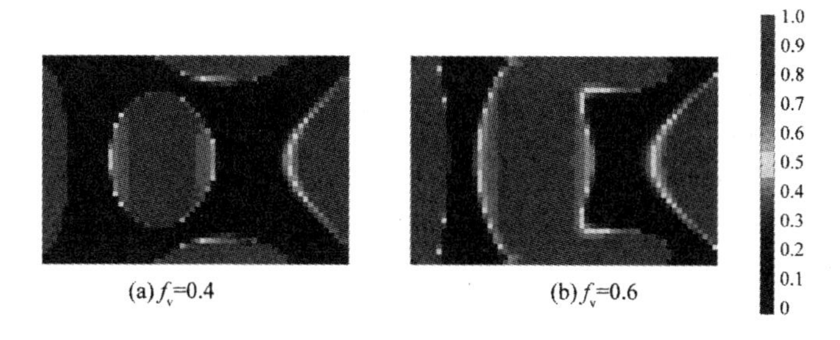

图 6.15 不同体积分数下的优化解

Fig. 6.15 Optimal solutions under different volume constraints

表 6.4 不同体积分数下初始设计和优化设计的目标函数

Tab. 6.4 Objective function in initial and optimal designs for different volume constraints

体积分数	初始设计目标函数/($\times 10^{-8}$ m^2 · s)	优化设计目标函数/($\times 10^{-8}$ m^2 · s)
40%	9.712	4.083
50%	7.992	3.770
60%	6.475	3.578

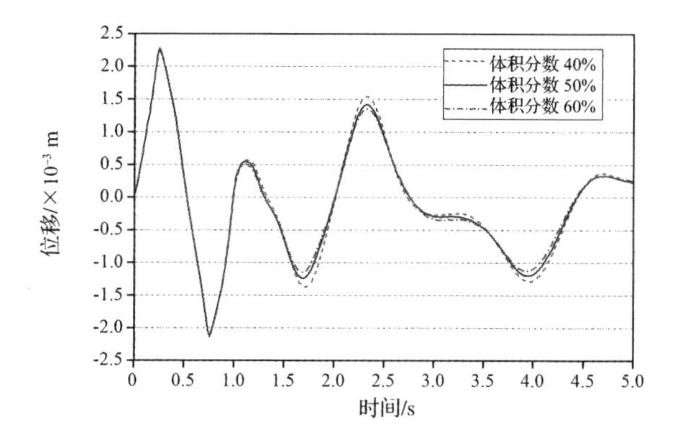

图 6.16 不同体积分数下目标位置位移-时间曲线

Fig. 6.16 Time histories of the displacement response at target point for the optimal designs under different volume constraints

(3)不同考虑时间段对优化解的影响

接下来，考虑不同的时间段$[T_1, T_2]$对优化解的影响。这里考虑与前一算例相同的悬臂板，选取冲击载荷$F(t)$为

$$F(t)=\begin{cases} 1\ 000\ \text{N} & t\in[0,0.005]\cup[0.015,0.02]\ \text{s} \\ -1\ 000\ \text{N} & t\in(0.005,0.015)\ \text{s} \\ 0 & t>0.02\ \text{s} \end{cases}$$

压电材料的体积分数取为$f_v=0.5$，在优化的初始阶段所有设计变量都取为$x_e=0.5(e=1,2,\cdots,2\ 400)$。优化问题中目标函数取为加载点位移的平方在$[0.5T, T]$($T=0.1$ s)时间段内的积分。优化进程在迭代29步之后收敛，其优化解如图6.17所示。优化设计和5种参考设计目标位置(点Ⅰ)位移-时间曲线如图6.18所示。为了比较，同时考虑两个不同的时间段$[0, T]$和$[0.2T, T]$情况，其相应的优化解如图6.19所示。通过比较图6.19和图6.17中的优化解可以发现，考虑不同积分时间段的情况，结构的最优解具有明显的区别。

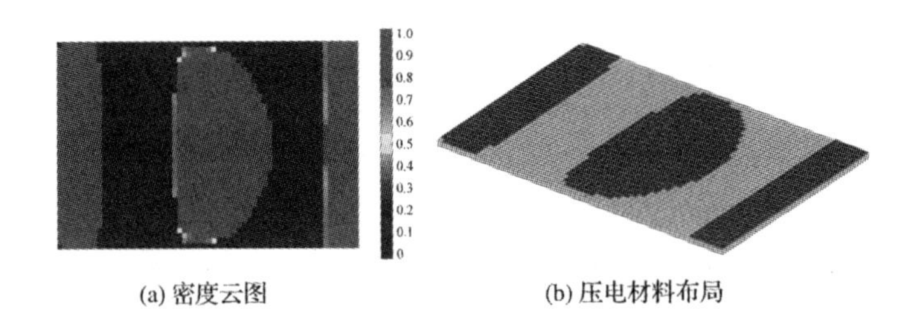

(a) 密度云图　　(b) 压电材料布局

图6.17　考虑时间段[0.05 s,0.1 s]的优化解

Fig. 6.17　Optimal solution for the cantilever plate over the time interval [0.05 s,0.1 s]

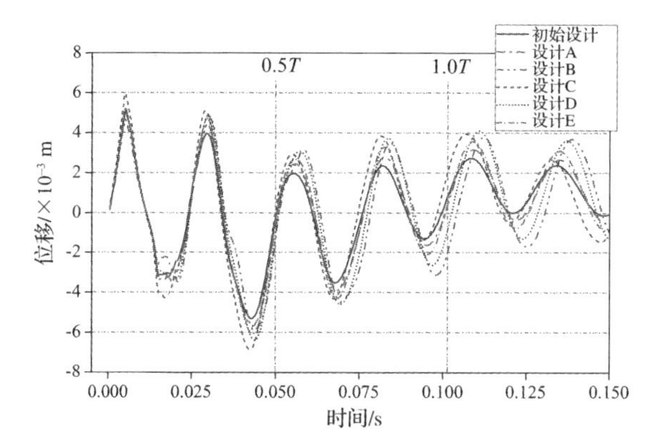

图 6.18 [0.05 s,0.1 s]时间段内优化设计和参考设计目标位置位移-时间曲线

Fig. 6.18 Time histories of the displacement response at target point for the optimal design obtained over the time interval [0.05 s,0.1 s] and reference designs

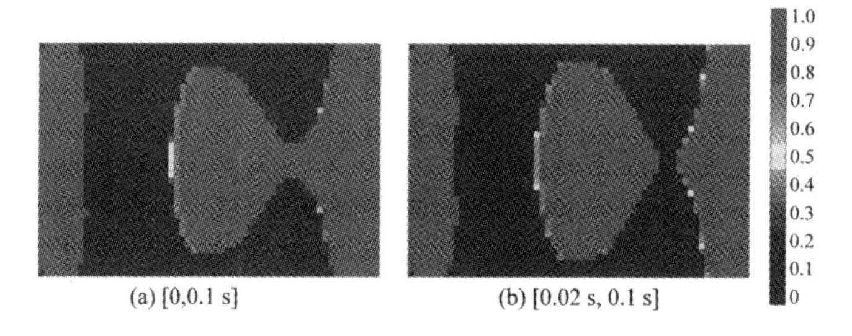

图 6.19 不同时间段的优化解

Fig. 6.19 Optimal solution for the cantilever plate over different time intervals

6.3.2 算例 2:四边固支方板周期载荷下拓扑优化结果

(1)四边固支方板优化解

在本节中,考虑四边固支方板结构的压电传感器/压电作动器最优拓扑布局,如图 6.20 所示。基体材料层的长度为 $a=3.0$ m,厚度为 $t_b=1\times10^{-2}$ m。基体阻尼系数为 $\alpha=\beta=1\times10^{-4}$。基体材料层

上表面敷设有压电传感器层和压电作动器层，其厚度分别为 $t_s = t_e = 5\times10^{-4}$ m。基体材料层和压电材料层的材料属性与 6.3.1 节算例相同。在结构中心施加一个锯齿荷形载 $F(t)$，其幅值为 2 000 N，频率为 100 Hz，载荷-时间曲线如图 6.21 所示。控制系统中，电荷放大器的增益系数为 $G_c = 1\times10^4$ V/A，速度负反馈控制系数为 $G_a = 50$。目标函数取为板中心点振幅的平方在时间段 $[0, T]$（$T = 0.05$ s）内的积分。

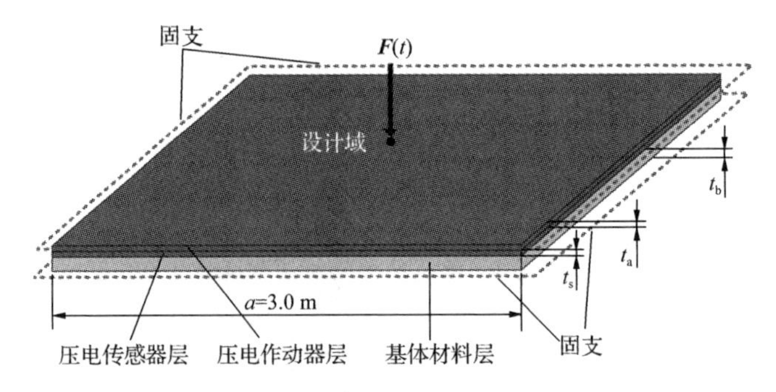

图 6.20　四边固支压电层合方板

Fig. 6.20　Four-edge clamped composite plate

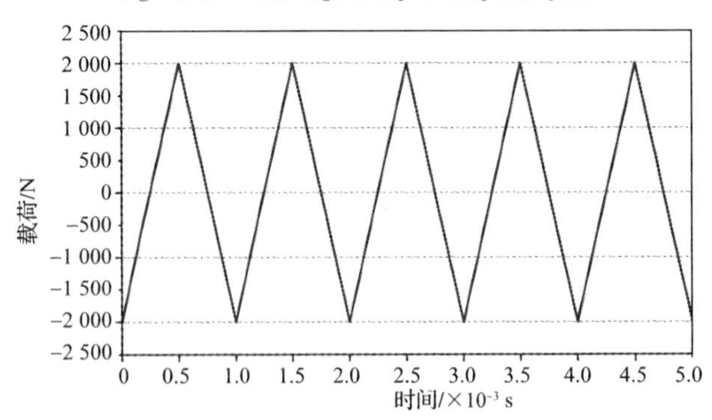

图 6.21　板中心载荷-时间曲线

Fig. 6.21　Time history of the sawtooth load applied at the plate center

设计域离散为 2 500(50×50)个 Mindlin 壳单元，压电材料体积约束取为 $f_v=0.5$，初始设计中单元密度均取为 $x_e=0.5(e=1,2,\cdots,2\,500)$。响应和灵敏度分析时使用的时间积分法计算时间步长为 $\Delta t=2\times10^{-4}$ s。优化程序在 47 步之后收敛，优化结果如图 6.22 所示。可以发现图 6.22 所示的优化结果与频率响应优化结果(第 4 章相关结果)以及静变形响应拓扑优化解具有明显的区别。目标函数和体积分数的迭代历史如图 6.23 所示。结构优化设计和无惩罚均布设计[类似于图 6.12(a)]目标位置(板中心点)位移在时间段[0,4T]内的时间响应曲线如图 6.24 所示，可见优化设计的位移响明显小于无惩罚均布设计。结构在 5 个指定时刻 $t=2.5\times10^{-2}$ s，2.7×10^{-2} s，2.9×10^{-2} s，3.1×10^{-2} s，3.3×10^{-2} s 的位移云图如图 6.25 所示，控制电压云图如图 6.26 所示。

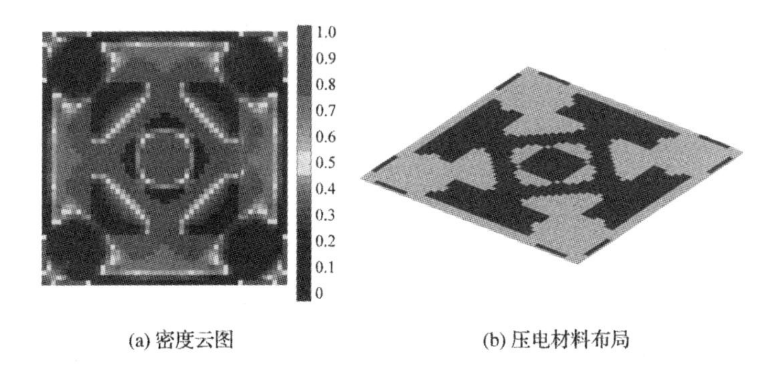

图 6.22　优化结果

Fig. 6.22　Optimal solution

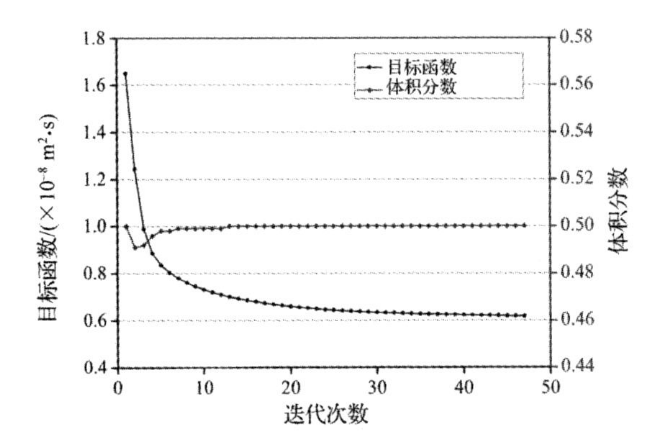

图 6.23 目标函数和体积分数的迭代历史

Fig. 6.23 Iteration histories of objective function and volume fraction ratio

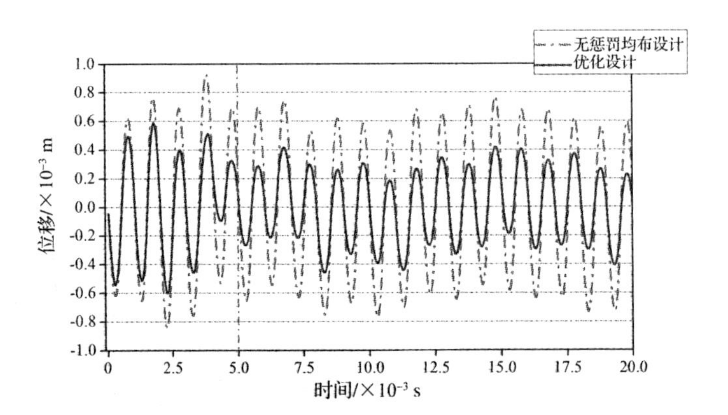

图 6.24 优化设计和无惩罚均布设计($E^{use}=0.5E^{piezo}$,$\rho^{use}=0.5\rho^{piezo}$)目标位置位移-时间曲线

Fig. 6.24 Time histories of the displacement response at target point for the optimal design and the uniform design without penalty ($E^{use}=0.5E^{piezo}$, $\rho^{use}=0.5\rho^{piezo}$)

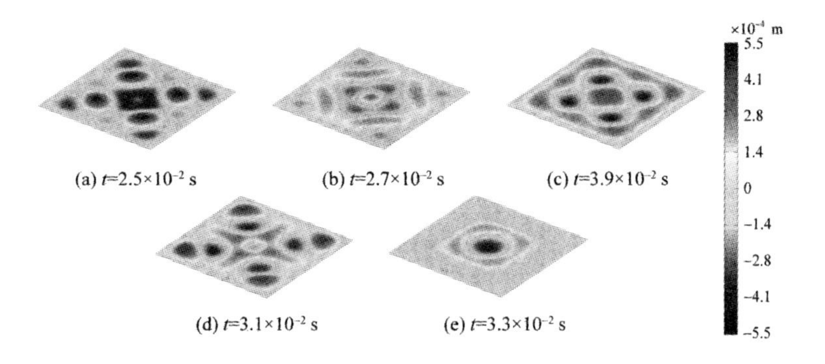

图 6.25 不同时刻优化设计位移云图

Fig. 6.25 Displacement contours at different time instants for the optimal design

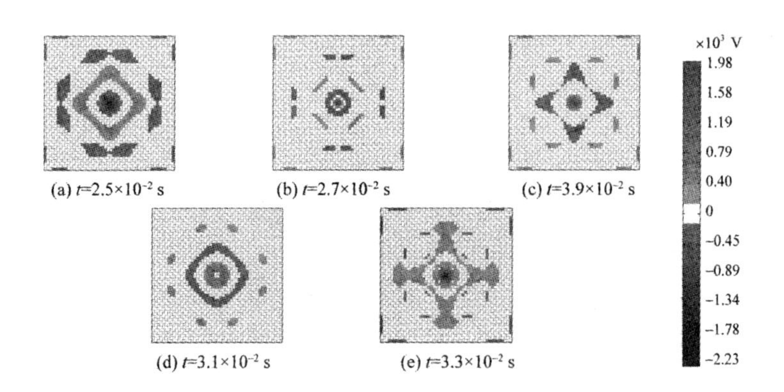

图 6.26 不同时刻点优化设计控制电压云图

Fig. 6.26 Control voltage contours at different time instants of the four-edge clamped for the optimal design

(2)控制系数和时间积分区间对优化解的影响

接下来,考虑在 4 种不同的主动控制系数($G_a=20,50,100,500$)下压电传感器/压电作动器最优拓扑布局问题,在这里中依然采用与前面相同的结构和边界条件。不同控制系数下的优化结果如图 6.27 所示。可以发现优化问题的最优解随着控制系数的改变而发生明显的变化,这是因为主动控制效应随着控制系数增长在优化中占据着越来越重要的位置,当控制系数很大时,主动控制效应将在优化中占据支配地位,因此即使控制系数继续增大,优化解也基本不再发生明显地变化。

进一步地,考察在目标函数中选取不同时间积分区间对优化解的影响,依然考虑与前文相同的结构和控制系统,外加锯齿形激励频率固定为 50 Hz,幅值为 2 000 N。选取 5 种不同的时间($T=$ 0.02 s,0.04 s,0.1 s,0.2 s,0.5 s,)内位移响应的积分作为目标函数,优化结果如图 6.28 所示。可以发现,初始阶段 $T=0.02$ s[图 6.28(a)]的优化解明显区别于其他时间的优化解[图 6.28(b)~图 6.28(f)],这意味着初始阶段的动力载荷在压电层合板结构动力学优化中具有十分巨大的影响。

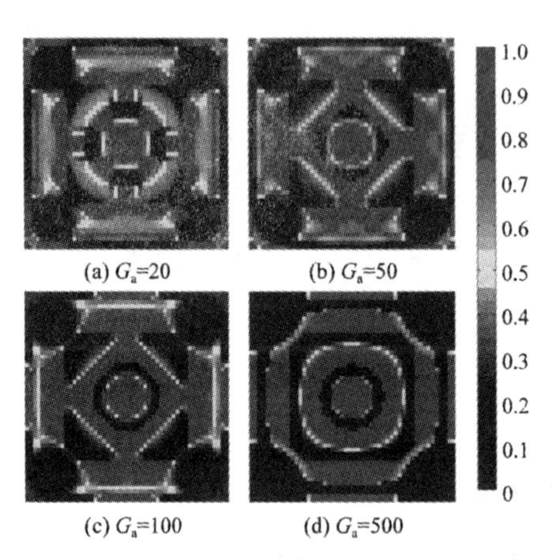

图 6.27 不同控制系数下的优化结果

Fig. 6.27 Optimal solutions with different control gains

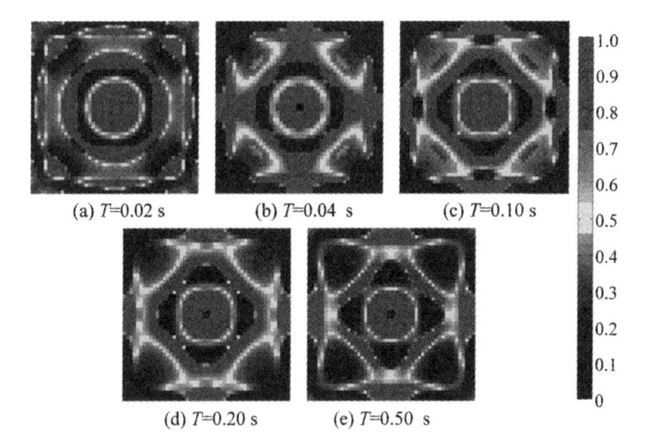

图 6.28 不同时间的优化结果

Fig. 6.28 Optimal solutions for different integration time intervals

参考文献

第 1 章

[1] Olhoff N, Du J. Topological design for minimum dynamic compliance of structures under forced vibration [M]. Topology Optimization in Structural and Continuum Mechanics. Berlin; Springer. 2014: 325-339.

[2] 张亚辉，林家浩. 结构动力学基础 [M]. 大连：大连理工大学出版社，2007.

[3] 盛美萍. 王敏庆噪声与振动控制技术基础 [M]. 北京：科学出版社. 2001.

[4] 胡海岩，郭大蕾. 振动半主动控制技术的进展 [J]. 振动 测试与诊断，2001，21(4)：235-244.

[5] Sors T, Elliott S. Volume velocity estimation with accelerometer arrays for active structural acoustic control [J]. Journal of Sound and Vibration, 2002, 258(5): 867-883.

[6] Jha A K, Inman D J. Optimal sizes and placements of piezoelectric actuators and sensors for an inflated torus [J]. Journal of Intelligent Material Systems and Structures, 2003, 14(9): 563-576.

[7] Christensen S T, Sorokin S, Olhoff N. On analysis and optimization in structural acoustics—Part I: Problem formulation and solution techniques [J]. Structural Optimization, 1998, 16(2-3): 83-95.

[8] 程耿东. 工程结构优化设计基础 [M]. 北京：水利电力出版社，1984.

[9] Bendsoe M P, Sigmund O. Topology optimization: theory, methods and applications [M]. Berlin: Springer, 2003.

[10] 隋允康，叶红玲，杜家政. 结构拓扑优化的发展及其模型转化为独立层次的迫切性 [J]. 工程力学，2005，22(sup)：107-118.

[11] Michell A G M. The limits of economy of material in frame-structures [J]. The London, Edinburgh, and Dublin Philosophical Magazine and Journal of Science, 1904, 8(47): 589-597.

[12] Cox H L. The design of structures of least weight [M]. Oxford: Pergamon, 1965.

[13] Hegemier G, Prager W. On michell trusses [J]. International Journal of Mechanical Sciences, 1969, 11(2): 209-215.

[14] Hemp W S. Optimum structures [M]. Oxford: Clarendon Press 1973.

[15] Rozvany G I. Some shortcomings in Michell's truss theory [J]. Structural Optimization, 1996, 12(4): 244-250.

[16] Dobbs M W, Felton L P. Optimization of truss geometry [J]. J of Str Div, ASCE, 1969, 95(1): 2105-2118.

[17] Ringertz U T. A branch and bound algorithm for topology optimization of truss structures [J]. Engineering Optimization, 1986, 10(2): 111-124.

[18] Zhou M, Rozvany G. DCOC: an optimality criteria method for large systems Part I: theory [J]. Structural Optimization, 1992, 5(1-2): 12-25.

[19] Cheng G, Guo X. ε-relaxed approach in structural topology optimization [J]. Structural Optimization, 1997, 13(4): 258-266.

[20] Zhou K. Optimization of least-weight grillages by finite element method [J]. Structural and Multidisciplinary Optimization, 2009, 38(5): 525-532.

[21] Sokół T. A 99 line code for discretized Michell truss optimization written in Mathematica [J]. Structural and Multidisciplinary Optimization, 2011, 43(2): 181-190.

[22] Cheng K-T, Olhoff N. An investigation concerning optimal design of solid elastic plates [J]. International Journal of Solids and Structures, 1981, 17(3): 305-323.

[23] Bendsøe M P, Kikuchi N. Generating optimal topologies in structural design using a homogenization method [J]. Computer Methods in Applied Mechanics and Engineering, 1988, 71(2): 197-224.

[24] Bendsøe M P. Optimal shape design as a material distribution problem [J]. Structural Optimization, 1989, 1(4): 193-202.

[25] Xie Y, Steven G P. A simple evolutionary procedure for structural optimization [J]. Computers & Structures, 1993, 49(5): 885-896.

[26] Wang M Y, Wang X, Guo D. A level set method for structural topology optimization [J]. Computer Methods in Applied Mechanics and Engineering, 2003, 192(1): 227-246.

[27] Allaire G, Jouve F, Toader A-M. Structural optimization using sensitivity analysis and a level-set method [J]. Journal of Computational Physics, 2004, 194(1): 363-393.

[28] Save M, Prager W, Sacchi G, Warner W H. Structural Optimization: Optimality criteria [M]. Plenum Pub Corporation, 1985.

[29] Svanberg K. The method of moving asymptotes—a new method for structural optimization [J]. International Journal for Numerical Methods in Engineering, 1987, 24(2): 359-373.

[30] Svanberg K. A class of globally convergent optimization methods based on conservative convex separable approximations [J]. SIAM Journal on

Optimization, 2002, 12(2): 555-573.

[31] Guedes J, Kikuchi N. Preprocessing and postprocessing for materials based on the homogenization method with adaptive finite element methods [J]. Computer Methods in Applied Mechanics and Engineering, 1990, 83(2): 143-198.

[32] Diaz A, Bends? e M. Shape optimization of structures for multiple loading conditions using a homogenization method [J]. Structural Optimization, 1992, 4(1): 17-22.

[33] Sigmund O. Materials with prescribed constitutive parameters: an inverse homogenization problem [J]. International Journal of Solids and Structures, 1994, 31(17): 2313-2329.

[34] Sigmund O, Jensen J S. Systematic design of phononic band-gap materials and structures by topology optimization [J]. Philosophical Transactions of the Royal Society of London Series A: Mathematical, Physical and Engineering Sciences, 2003, 361(1806): 1001-1019.

[35] Yang R, Du J. Microstructural topology optimization with respect to sound power radiation [J]. Structural and Multidisciplinary Optimization, 2013, 47(2): 191-206.

[36] Bends∅e M P, Sigmund O. Material interpolation schemes in topology optimization [J]. Archive of applied mechanics, 1999, 69 (9-10): 635-654.

[37] Sigmund O. A 99 line topology optimization code written in Matlab [J]. Structural and Multidisciplinary Optimization, 2001, 21(2): 120-127.

[38] Stolpe M, Svanberg K. An alternative interpolation scheme for minimum compliance topology optimization [J]. Structural and Multidisciplinary Optimization, 2001, 22(2): 116-124.

[39] Matsui K, Terada K. Continuous approximation of material distribution for topology optimization [J]. International Journal for Numerical Methods in Engineering, 2004, 59(14): 1925-1944.

[40] Guest J K, Prévost J, Belytschko T. Achieving minimum length scale in topology optimization using nodal design variables and projection functions [J]. International Journal for Numerical Methods in Engineering, 2004, 61(2): 238-254.

[41] Rahmatalla S, Swan C. A Q4/Q4 continuum structural topology optimization implementation [J]. Structural and Multidisciplinary Optimization, 2004, 27(1-2): 130-135.

[42] Kang Z, Wang Y. Structural topology optimization based on non-local Shepard interpolation of density field [J]. Computer Methods in Applied Mechanics and Engineering, 2011, 200(49): 3515-3525.

[43] Luo Z, Zhang N, Wang Y, Gao W. Topology optimization of structures using meshless density variable approximants [J]. International Journal for Numerical Methods in Engineering, 2013, 93(4): 443-464.

[44] Wang M Y, Wang X. "Color" level sets: a multi-phase method for structural topology optimization with multiple materials [J]. Computer Methods in Applied Mechanics and Engineering, 2004, 193(6): 469-496.

[45] Luo Z, Wang M Y, Wang S, Wei P. A level set-based parameterization method for structural shape and topology optimization [J]. International Journal for Numerical Methods in Engineering, 2008, 76(1): 1-26.

[46] Li Q, Steven G, Xie Y. A simple checkerboard suppression algorithm for evolutionary structural optimization [J]. Structural and Multidisciplinary Optimization, 2001, 22(3): 230-239.

[47] Querin O, Steven G, Xie Y. Evolutionary structural optimisation (ESO)

using a bidirectional algorithm [J]. Engineering Computations, 1998, 15(8): 1031-1048.

[48] Huang X, Xie Y. Bi-directional evolutionary topology optimization of continuum structures with one or multiple materials [J]. Computational Mechanics, 2009, 43(3): 393-401.

[49] Yunkang S, Deqing Y. A new method for structural topological optimization based on the concept of independent continuous variables and smooth model [J]. Acta Mechanica Sinica, 1998, 14(2): 179-185.

[50] 叶红玲，沈静娴，隋允康. 频率约束的三维连续体结构动力拓扑优化设计 [J]. 力学学报，2012，44(6)：1037-1045.

[51] 顾松年，徐斌，荣见华，姜节胜. 结构动力学设计优化方法的新进展 [J]. 机械强度，2005，27(2)：156-162.

[52] Du J, Olhoff N. Minimization of sound radiation from vibrating bi-material structures using topology optimization [J]. Structural and Multidisciplinary Optimization, 2007, 33(4-5): 305-321.

[53] Du J, Olhoff N. Topological design of vibrating structures with respect to optimum sound pressure characteristics in a surrounding acoustic medium [J]. Structural and Multidisciplinary Optimization, 2010, 42(1): 43-54.

[54] Zheng H, Cai C, Pau G, Liu G. Minimizing vibration response of cylindrical shells through layout optimization of passive constrained layer damping treatments [J]. Journal of Sound and Vibration, 2005, 279(3): 739-756.

[55] Alvelid M. Optimal position and shape of applied damping material [J]. Journal of Sound and Vibration, 2008, 310(4): 947-965.

[56] Curie J, Curie P. Development by pressure of polar electricity in hemihedral

crystals with inclined faces [J]. Bull soc min de France, 1880, 3(1): 90.

[57] Silva E N, Fonseca J O, Kikuchi N. Optimal design of piezoelectric microstructures [J]. Computational Mechanics, 1997, 19(5): 397-410.

[58] Kögl M, Silva E C. Topology optimization of smart structures: design of piezoelectric plate and shell actuators [J]. Smart Materials and Structures, 2005, 14(2): 387.

[59] Kang Z, Tong L. Topology optimization-based distribution design of actuation voltage in static shape control of plates [J]. Computers & Structures, 2008, 86(19): 1885-1893.

[60] Donoso A, Sigmund O. Optimization of piezoelectric bimorph actuators with active damping for static and dynamic loads [J]. Structural and Multidisciplinary Optimization, 2009, 38(2): 171-183.

[61] Duysinx P, Bends∅e M P. Topology optimization of continuum structures with local stress constraints [J]. International Journal for Numerical Methods in Engineering, 1998, 43(8): 1453-1478.

[62] Bruggi M. On an alternative approach to stress constraints relaxation in topology optimization [J]. Structural and Multidisciplinary Optimization, 2008, 36(2): 125-141.

[63] Du J, Olhoff N. Topological optimization of continuum structures with design-dependent surface loading-Part I: new computational approach for 2D problems [J]. Structural and Multidisciplinary Optimization, 2004, 27(3): 151-165.

[64] Du J, Olhoff N. Topological optimization of continuum structures with design-dependent surface loading—part II: algorithm and examples for 3D problems [J]. Structural and Multidisciplinary Optimization, 2004, 27(3): 166-177.

[65] Hammer V B, Olhoff N. Topology optimization of continuum structures subjected to pressure loading [J]. Structural and Multidisciplinary Optimization, 2000, 19(2): 85-92.

[66] Bruns T E. Topology optimization of convection-dominated, steady-state heat transfer problems [J]. International Journal of Heat and Mass Transfer, 2007, 50(15): 2859-2873.

[67] Du J, Olhoff N. Topological design of freely vibrating continuum structures for maximum values of simple and multiple eigenfrequencies and frequency gaps [J]. Structural and Multidisciplinary Optimization, 2007, 34(2): 91-110.

[68] Sigmund O. Design of multiphysics actuators using topology optimization—Part I: One-material structures [J]. Computer Methods in Applied Mechanics and Engineering, 2001, 190(49): 6577-6604.

[69] Bendsoe M, Sigmund O. Design of multiphysics actuators using topology optimization—Part II: Two-material structure [J]. Computer Methods in Applied Mechanics and Engineering, 2001, 190(49-50): 6605-6627.

[70] Silva E C N. Design of piezoelectric motors using topology optimization; proceedings of the SPIE′s 8th Annual International Symposium on Smart Structures and Materials, F, 2001 [C]. International Society for Optics and Photonics.

[71] Jensen J S, Sigmund O. Systematic design of photonic crystal structures using topology optimization: Low-loss waveguide bends [J]. Applied Physics Letters, 2004, 84(12): 2022-2024.

[72] Stolpe M, Svanberg K. An alternative interpolation scheme for minimum compliance topology optimization [J]. Structural and Multidisciplinary Optimization, 2001, 22(2): 116-124.

[73] Rong J H, Tang Z L, Xie Y M, Li F Y. Topological optimization design of structures under random excitations using SQP method[J]. Engineering Structures, 2013, 56: 2098-2106.

[74] Yang R Z, Du J B. Microstructural topology optimization with respect to sound power radiation[J]. Structural and Multidisciplinary Optimization, 2013, 47(2): 191-206.

[75] 朱继宏，张卫红，邱克鹏. 结构动力学拓扑优化局部模态现象分析[J]. 航空学报，2005，26(4)：619-623.

[76] 郑玲，韩志明，谢熔炉. 主动约束阻尼板压电层电压拓扑优化研究[J]. 固体力学学报，2012，33(5)：471-479.

[77] 徐斌，管欣，荣见华. 谐和激励下的连续体结构拓扑优化[J]. 西北工业大学学报，2004，22(3)：313-316.

[78] 彭细荣，隋允康. 用ICM法拓扑优化静位移及频率约束下连续体结构[J]. 计算力学学报，2006，23(4)：391-396.

[79] 李东泽，于登云，马兴瑞. 基频约束下的桁架结构半定规划法拓扑优化[J]. 工程力学，2011，28(2)：181-185.

[80] 薛开，雷寰兴，王威远. 一种新的周长约束方法在阻尼频率拓扑优化中的应用[J]. 工程力学，2013，30(6)：275-280.

[81] 王睿，张晓鹏，亢战. 以动柔度为目标的结构阻尼材料层拓扑优化[J]. 振动与冲击，2013，32(22)：36-40.

[82] 刘虎，张卫红，朱继宏. 简谐力激励下结构拓扑优化与频率影响分析[J]. 力学学报，2013，45(4)：588-597.

[83] Min S, Kikuchi N, Park Y C, Kim S, Chang S. Optimal topology design of structures under dynamic loads[J]. Structural Optimization, 1999, 17: 208-218.

[84] Kang B S, Park G J, Arora J S. A review of optimization of structures

subjected to transient loads[J]. Structural and Multidisciplinary Optimization, 2006, 31: 81-95.

[85] Abdalla M, Frecker M, Gürdal Z, Johnson T, Lindner D K. Design of a piezoelectric actuator and compliant mechanism combination for maximum energy efficiency [J]. Smart Materials and Structures, 2005, 14(6): 1421-1430.

[86] Trindade M. Optimization of active - passive damping treatments using piezoelectric and viscoelastic materials [J]. Smart Materials and Structures, 2007, 16(6): 2159-2168.

[87] Wein F, Kaltenbacher M, Bänsch E, Leugering G, Schury F. Topology optimization of a piezoelectric-mechanical actuator with single-and multiple-frequency excitation [J]. International Journal of Applied Electromagnetics and Mechanics, 2009, 30(3, 4): 201-221.

[88] Ruiz D, Donoso A, Bellido J C, Kucera M, Schmid U, et al. Design of piezoelectric microtransducers based on the topology optimization method [J]. Microsystem Technologies, 2016(online),

[89] Molter A, Da Silveira O A, Bottega V, Fonseca J S. Integrated topology optimization and optimal control for vibration suppression in structural design [J]. Structural and Multidisciplinary Optimization, 2013, 47(3): 389-397.

第 2 章

[1] Niordson F I. On the optimal design of a vibrating beam(Supported beam analysis for finding best possible tapering optimizing highest natural frequency for lowest mode of lateral vibration) [J]. Quarterly of Applied

Mathematics, 1965, 23(1): 47-53.

[2] Venkayya V, Khot N, Reddy V: DTIC Document, 1969.

[3] Zarghamee M S. Optimum frequency of structures [J]. AIAA Journal, 1968, 6(4): 749-750.

[4] 林家浩. 结构动力优化设计发展综述 [J]. 力学进展, 1983, 13(4): 423-431.

[5] Olhoff N. Optimization of vibrating beams with respect to higher order natural frequencies [J]. Journal of Structural Mechanics, 1976, 4(1): 87-122.

[6] Olhoff N. Maximizing higher order eigenfrequencies of beams with constraints on the design geometry [J]. Journal of Structural Mechanics, 1977, 5(2): 107-134.

[7] Olhoff N, Parbery R. Designing vibrating beams and rotating shafts for maximum difference between adjacent natural frequencies [J]. International Journal of Solids and Structures, 1984, 20(1): 63-75.

[8] Bendsoe M P, Olhoff N, Taylor J E. A Variational Formulation for Multicriteria Structural Optimization [J]. Journal of Structural Mechanics, 1983, 11(4): 523-544.

[9] Díaaz A R, Kikuchi N. Solutions to shape and topology eigenvalue optimization problems using a homogenization method [J]. International Journal for Numerical Methods in Engineering, 1992, 35(7): 1487-1502.

[10] Ma Z-D, Cheng H-C, Kikuchi N. Structural design for obtaining desired eigenfrequencies by using the topology and shape optimization method [J]. Computing Systems in Engineering, 1994, 5(1): 77-89.

[11] Lipton R, Soto C A. A new formulation of the problem of optimum reinforcement of Reissner-Mindlin plates [J]. Computer Methods in Applied

Mechanics and Engineering, 1995, 123(1): 121-139.

[12] Kosaka I, Swan C C. A symmetry reduction method for continuum structural topology optimization [J]. Computers & Structures, 1999, 70(1): 47-61.

[13] Krog L A, Olhoff N. Optimum topology and reinforcement design of disk and plate structures with multiple stiffness and eigenfrequency objectives [J]. Computers & Structures, 1999, 72(4): 535-563.

[14] Jensen J S, Sigmund O. Topology optimization of photonic crystal structures: a high-bandwidth low-loss T-junction waveguide [J]. JOSA B, 2005, 22(6): 1191-1198.

[15] Allaire G, Jouve F. A level-set method for vibration and multiple loads structural optimization [J]. Computer Methods in Applied Mechanics and Engineering, 2005, 194(30): 3269-3290.

[16] Xie Y, Steven G. Evolutionary structural optimization for dynamic problems [J]. Computers & Structures, 1996, 58(6): 1067-1073.

[17] Jog C. Topology design of structures subjected to periodic loading [J]. Journal of Sound and Vibration, 2002, 253(3): 687-709.

[18] Jensen J S. Topology optimization of dynamics problems with Padé approximants [J]. International Journal for Numerical Methods in Engineering, 2007, 72(13): 1605-1630.

[19] Larsen A A, Laksafoss B, Jensen J S, Sigmund O. Topological material layout in plates for vibration suppression and wave propagation control [J]. Structural and Multidisciplinary Optimization, 2009, 37(6): 585-594.

[20] Yoon G H. Structural topology optimization for frequency response problem using model reduction schemes [J]. Computer Methods in Applied Mechanics and Engineering, 2010, 199(25): 1744-1763.

[21] Du J, Olhoff N. Minimization of sound radiation from vibrating bi-material structures using topology optimization [J]. Structural and Multidisciplinary Optimization, 2007, 33(4-5): 305-321.

[22] Du J, Olhoff N. Topological design of vibrating structures with respect to optimum sound pressure characteristics in a surrounding acoustic medium [J]. Structural and Multidisciplinary Optimization, 2010, 42(1): 43-54.

[23] Zheng H, Cai C, Pau G, Liu G. Minimizing vibration response of cylindrical shells through layout optimization of passive constrained layer damping treatments [J]. Journal of Sound and Vibration, 2005, 279 (3): 739-756.

[24] Alvelid M. Optimal position and shape of applied damping material [J]. Journal of Sound and Vibration, 2008, 310(4): 947-965.

[25] Chia C, Rongong J, Worden K. Strategies for using cellular automata to locate constrained layer damping on vibrating structures [J]. Journal of Sound and Vibration, 2009, 319(1): 119-139.

[26] Johnson C D, Kienholz D A. Finite element prediction of damping in structures with constrained viscoelastic layers [J]. AIAA Journal, 1982, 20(9): 1284-1290.

[27] Ling Z, Ronglu X, Yi W, El-Sabbagh A. Topology optimization of constrained layer damping on plates using Method of Moving Asymptote (MMA) approach [J]. Shock and Vibration, 2011, 18(1-2): 221-244.

[28] Belegundu A, Salagame R, Koopmann G. A general optimization strategy for sound power minimization [J]. Structural Optimization, 1994, 8(2-3): 113-119.

[29] Salagame R, Belegundu A, Koopmann G. Analytical sensitivity of acoustic

power radiated from plates [J]. Journal of Vibration and acoustics, 1995, 117(1): 43-48.

[30] Dong J, Choi K K, Kim N H. Design optimization for structural-acoustic problems using FEA-BEA with adjoint variable method [J]. Journal of Mechanical Design, 2004, 126(3): 527-533.

[31] Niordson F I. On the optimal design of a vibrating beam(Supported beam analysis for finding best possible tapering optimizing highest natural frequency for lowest mode of lateral vibration) [J]. Quarterly of Applied Mathematics, 1965, 23(1): 47-53.

[32] Allaire G, Jouve F. A level-set method for vibration and multiple loads structural optimization [J]. Computer Methods in Applied Mechanics and Engineering, 2005, 194(30): 3269-3290.

[33] Xie Y, Steven G. Evolutionary structural optimization for dynamic problems [J]. Computers & Structures, 1996, 58(6): 1067-1073.

[34] Jog C. Topology design of structures subjected to periodic loading [J]. Journal of Sound and Vibration, 2002, 253(3): 687-709.

[35] Jensen J S. Topology optimization of dynamics problems with Padé approximants [J]. International Journal for Numerical Methods in Engineering, 2007, 72(13): 1605-1630.

[36] Larsen A A, Laksafoss B, Jensen J S, Sigmund O. Topological material layout in plates for vibration suppression and wave propagation control [J]. Structural and Multidisciplinary Optimization, 2009, 37(6): 585-594.

[37] Yoon G H. Structural topology optimization for frequency response problem using model reduction schemes [J]. Computer Methods in Applied Mechanics and Engineering, 2010, 199(25): 1744-1763.

第 3 章

[1] 盛美萍. 王敏庆噪声与振动控制技术基础 [M]. 北京：科学出版社. 2001.

[2] Christensen S T, Sorokin S, Olhoff N. On analysis and optimization in structural acoustics—Part I: Problem formulation and solution techniques [J]. Structural Optimization, 1998, 16(2-3): 83-95.

[3] Sors T, Elliott S. Modelling and feedback control of sound radiation from a vibrating panel [J]. Smart Materials and Structures, 1999, 8(3): 301.

[4] Du J, Olhoff N. Minimization of sound radiation from vibrating bi-material structures using topology optimization [J]. Structural and Multidisciplinary Optimization, 2007, 33(4-5): 305-321.

[5] Niu B, Olhoff N, Lund E, Cheng G. Discrete material optimization of vibrating laminated composite plates for minimum sound radiation [J]. International Journal of Solids and Structures, 2010, 47(16): 2097-2114.

[6] Luo J, Gea H C. Optimal stiffener design for interior sound reduction using a topology optimization based approach [J]. Journal of Vibration and acoustics, 2003, 125(3): 267-273.

[7] Yamamoto T, Maruyama S, Nishiwaki S, Yoshimura M. Topology design of multi-material soundproof structures including poroelastic media to minimize sound pressure levels [J]. Computer Methods in Applied Mechanics and Engineering, 2009, 198(17): 1439-1455.

[8] Akl W, El-Sabbagh A, Al-Mitani K, Baz A. Topology optimization of a plate coupled with acoustic cavity [J]. International Journal of Solids and Structures, 2009, 46(10): 2060-2074.

[9] Yoon G H, Jensen J S, Sigmund O. Topology optimization of acoustic-structure interaction problems using a mixed finite element formulation [J]. International Journal for Numerical Methods in Engineering, 2007, 70(9): 1049-1075.

[10] Shu L, Yu Wang M, Ma Z. Level set based topology optimization of vibrating structures for coupled acoustic - structural dynamics [J]. Computers & Structures, 2014, 132(1): 34-42.

[11] Kook J, Koo K, Hyun J, Jensen J S, Wang S. Acoustical topology optimization for Zwicker's loudness model - Application to noise barriers [J]. Computer Methods in Applied Mechanics and Engineering, 2012, 237(1): 130-151.

[12] Dühring M B, Jensen J S, Sigmund O. Acoustic design by topology optimization [J]. Journal of Sound and Vibration, 2008, 317(3): 557-575.

[13] Sigmund O, Jensen J S. Systematic design of phononic band-gap materials and structures by topology optimization [J]. Philosophical Transactions of the Royal Society of London Series A: Mathematical, Physical and Engineering Sciences, 2003, 361(1806): 1001-1019.

[14] Yang R, Du J. Microstructural topology optimization with respect to sound power radiation [J]. Structural and Multidisciplinary Optimization, 2013, 47(2): 191-206.

[15] Niu B, Olhoff N, Lund E, Cheng G. Discrete material optimization of vibrating laminated composite plates for minimum sound radiation [J]. International Journal of Solids and Structures, 2010, 47 (16): 2097-2114.

[16] Luo J, Gea H C. Optimal stiffener design for interior sound reduction using a topology optimization based approach [J]. Journal of Vibration

and acoustics, 2003, 125(3): 267-273.

[17] Yamamoto T, Maruyama S, Nishiwaki S, Yoshimura M. Topology design of multi-material soundproof structures including poroelastic media to minimize sound pressure levels [J]. Computer Methods in Applied Mechanics and Engineering, 2009, 198(17): 1439-1455.

[18] Akl W, El-Sabbagh A, Al-Mitani K, Baz A. Topology optimization of a plate coupled with acoustic cavity [J]. International Journal of Solids and Structures, 2009, 46(10): 2060-2074.

[19] Yoon G H, Jensen J S, Sigmund O. Topology optimization of acoustic-structure interaction problems using a mixed finite element formulation [J]. International Journal for Numerical Methods in Engineering, 2007, 70(9): 1049-1075.

[20] Shu L, Yu Wang M, Ma Z. Level set based topology optimization of vibrating structures for coupled acoustic - structural dynamics [J]. Computers & Structures, 2014, 132(1): 34-42.

[21] Kook J, Koo K, Hyun J, Jensen J S, Wang S. Acoustical topology optimization for Zwicker's loudness model - Application to noise barriers [J]. Computer Methods in Applied Mechanics and Engineering, 2012, 237(1): 130-151.

[22] Dühring M B, Jensen J S, Sigmund O. Acoustic design by topology optimization [J]. Journal of Sound and Vibration, 2008, 317(3): 557-575.

[23] Wu T. Boundary element acoustics: Fundamentals and computer codes [M]. Southampton: WIT Press, 2000.

[24] Belblidia F, Lee J, Rechak S. Topology optimization of plate structures using a single-or three-layered artificial material model [J]. Advances in Engineering Software, 2001, 32(2): 159-168.

[25] Nandy A K, Jog C. Optimization of vibrating structures to reduce radiated noise [J]. Structural and Multidisciplinary Optimization, 2012, 45(5): 717-728.

[26] Belegundu A, Salagame R, Koopmann G. A general optimization strategy for sound power minimization [J]. Structural Optimization, 1994, 8(2-3): 113-119.

[27] Salagame R, Belegundu A, Koopmann G. Analytical sensitivity of acoustic power radiated from plates [J]. Journal of Vibration and acoustics, 1995, 117(1): 43-48.

[28] Dong J, Choi K K, Kim N H. Design optimization for structural-acoustic problems using FEA-BEA with adjoint variable method [J]. Journal of Mechanical Design, 2004, 126(3): 527-533.

[29] Niordson F I. On the optimal design of a vibrating beam(Supported beam analysis for finding best possible tapering optimizing highest natural frequency for lowest mode of lateral vibration) [J]. Quarterly of Applied Mathematics, 1965, 23(1): 47-53.

[30]Venkayya V, Khot N, Reddy V: DTIC Document, 1969.

第 4 章

[1] Jaffe B, Roth R, Marzullo S. Piezoelectric Properties of Lead Zirconate-Lead Titanate Solid-Solution Ceramics [J]. Journal of Applied Physics, 1954, 25(6): 809-810.

[2] Kawai H. The piezoelectricity of poly (vinylidene fluoride) [J]. Japanese Journal of Applied Physics, 1969, 8(7): 975.

[3] Wagner M, Roosen A, Oostra H, Hoeppener R, Moya M D, et al. Mini-

ature accordion-shaped low voltage piezo actuators for high displacements [J]. Journal of the European Ceramic Society, 2005, 25(12): 2463-2466.

[4] Devasia S, Meressi T, Paden B, Bayo E. Piezoelectric actuator design for vibration suppression-placement and sizing [J]. Journal of Guidance, Control, and Dynamics, 1993, 16(5): 859-864.

[5] Sun D, Tong L. Design optimization of piezoelectric actuator patterns for static shape control of smart plates [J]. Smart Materials and Structures, 2005, 14(6): 1353.

[6] Onoda J, Haftka R T. An approach to structure/control simultaneous optimization for largeflexible spacecraft [J]. AIAA Journal, 1987, 25(8): 1133-1138.

[7] Bruant I, Gallimard L, Nikoukar S. Optimal piezoelectric actuator and sensor location for active vibration control, using genetic algorithm [J]. Journal of Sound and Vibration, 2010, 329(10): 1615-1635.

[8] Silva E N, Fonseca J O, Kikuchi N. Optimal design of piezoelectric microstructures [J]. Computational Mechanics, 1997, 19(5): 397-410.

[9] Silva E C N, Kikuchi N. Design of piezoelectric transducers using topology optimization [J]. Smart Materials and Structures, 1999, 8(3): 350.

[10] Carbonari R C, Silva E C, Nishiwaki S. Optimum placement of piezoelectric material in piezoactuator design [J]. Smart Materials and Structures, 2007, 16(1): 207.

[11] Kögl M, Silva E C. Topology optimization of smart structures: design of piezoelectric plate and shell actuators [J]. Smart Materials and Structures, 2005, 14(2): 387.

[12] Buehler M J, Bettig B, Parker G G. Topology optimization of smart structures using a homogenization approach [J]. Journal of Intelligent

Material Systems and Structures, 2004, 15(8): 655-667.

[13] Silva E C N. Topology optimization applied to the design of linear piezoelectric motors [J]. Journal of Intelligent Material Systems and Structures, 2003, 14(4-5): 309-322.

[14] Kang Z, Wang R, Tong L. Combined optimization of bi-material structural layout and voltage distribution for in-plane piezoelectric actuation [J]. Computer Methods in Applied Mechanics and Engineering, 2011, 200(13): 1467-1478.

[15] Luo Z, Gao W, Song C. Design of multi-phase piezoelectric actuators [J]. Journal of Intelligent Material Systems and Structures, 2010, 1045389X10389345.

[16] Kang Z, Tong L. Topology optimization-based distribution design of actuation voltage in static shape control of plates [J]. Computers & Structures, 2008, 86(19): 1885-1893.

[17] 曹宗杰，孟广伟. 智能结构压电执行器位置的拓扑优化 [J]. 东北大学学报：自然科学版，2000，21(4)：383-385.

[18] Donoso A, Sigmund O. Optimization of piezoelectric bimorph actuators with active damping for static and dynamic loads [J]. Structural and Multidisciplinary Optimization, 2009, 38(2): 171-183.

[19] Zheng B, Chang C-J, Gea H C. Topology optimization of energy harvesting devices using piezoelectric materials [J]. Structural and Multidisciplinary Optimization, 2009, 38(1): 17-23.

[20] Rupp C J, Evgrafov A, Maute K, Dunn M L. Design of piezoelectric energy harvesting systems: a topology optimization approach based on multilayer plates and shells [J]. Journal of Intelligent Material Systems and Structures, 2009, 20(16): 1923-1939.

[21] Chen S, Gonella S, Chen W, Liu W K. A level set approach for optimal design of smart energy harvesters [J]. Computer Methods in Applied Mechanics and Engineering, 2010, 199(37): 2532-2543.

[22] Wein F, Kaltenbacher M, Stingl M. Topology optimization of a cantilevered piezoelectric energy harvester using stress norm constraints [J]. Structural and Multidisciplinary Optimization, 2013, 48(1): 173-185.

[23] Lin Z, Gea H C, Liu S. Topology Optimization of Piezoelectric Energy Harvesting Devices Subjected to Stochastic Excitation; proceedings of the ASME 2010 International Design Engineering Technical Conferences and Computers and Information in Engineering Conference, F, 2010 [C]. American Society of Mechanical Engineers.

[24] Noh J Y, Yoon G H. Topology optimization of piezoelectric energy harvesting devices considering static and harmonic dynamic loads [J]. Advances in Engineering Software, 2012, 53(1): 45-60.

[25] Lau G K, Du H, Guo N, Lim M K. Systematic design of displacement-amplifying mechanisms for piezoelectric stacked actuators using topology optimization [J]. Journal of Intelligent Material Systems and Structures, 2000, 11(9): 685-695.

[26] Abdalla M, Frecker M, Gürdal Z, Johnson T, Lindner D K. Design of a piezoelectric actuator and compliant mechanism combination for maximum energy efficiency [J]. Smart Materials and Structures, 2005, 14(6): 1421.

[27] Ha Y, Cho S. Design sensitivity analysis and topology optimization of eigenvalue problems for piezoelectric resonators [J]. Smart Materials and Structures, 2006, 15(6): 1513.

[28] Trindade M. Optimization of active - passive damping treatments using

piezoelectric and viscoelastic materials [J]. Smart Materials and Structures, 2007, 16(6): 2159.

[29] 胡小伟，朱灯林. 基于板梁扭转振动控制阻尼的压电片拓扑形状设计[J]. 河海大学学报：自然科学版，2008，36(1)：112-116.

[30] Wein F, Kaltenbacher M, B? nsch E, Leugering G, Schury F. Topology optimization of a piezoelectric-mechanical actuator with single-and multiple-frequency excitation [J]. International Journal of Applied Electromagnetics and Mechanics, 2009, 30(3): 201-221.

[31] Donoso A, Bellido J. Systematic design of distributed piezoelectric modal sensors/actuators for rectangular plates by optimizing the polarization profile [J]. Structural and Multidisciplinary Optimization, 2009, 38(4): 347-356.

[32] Irschik H. A review on static and dynamic shape control of structures by piezoelectric actuation [J]. Engineering Structures, 2002, 24(1): 5-11.

[33] Sodano H A, Inman D J, Park G. Comparison of piezoelectric energy harvesting devices for recharging batteries [J]. Journal of Intelligent Material Systems and Structures, 2005, 16(10): 799-807.

[34] Xu B, Jiang J, Ou J. Integrated optimization of structural topology and control for piezoelectric smart trusses using genetic algorithm [J]. Journal of Sound and Vibration, 2007, 307(3): 393-427.

[35] Zori? N D, Simonovi? A M, Mitrovi? Z S, Stupar S N. Optimal vibration control of smart composite beams with optimal size and location of piezoelectric sensing and actuation [J]. Journal of Intelligent Material Systems and Structures, 2012, 1045389X12463465.

[36] Sodano H A, Park G, Inman D. Estimation of electric charge output for piezoelectric energy harvesting [J]. Strain, 2004, 40(2): 49-58.

第 5 章

[1] Lee J-C, Chen J-C. Active control of sound radiation from rectangular plates using multiple piezoelectric actuators [J]. Applied Acoustics, 1999, 57(4): 327-343.

[2] Kim J, Varadan V V, Varadan V K. Finite element-optimization methods for the active control of radiated sound from a plate structure [J]. Smart Materials and Structures, 1995, 4(4): 318.

[3] Jha A K, Inman D J. Optimal sizes and placements of piezoelectric actuators and sensors for an inflated torus [J]. Journal of Intelligent Material Systems and Structures, 2003, 14(9): 563-576.

[4] Christensen S T, Sorokin S, Olhoff N. On analysis and optimization in structural acoustics—Part 1: Problem formulation and solution techniques [J]. Structural Optimization, 1998, 16(2-3): 83-95.

[5] Sors T, Elliott S. Modelling and feedback control of sound radiation from a vibrating panel [J]. Smart Materials and Structures, 1999, 8(3): 301.

[6] Fuller C, Hansen C, Snyder S. Active control of sound radiation from a vibrating rectangular panel by sound sources and vibration inputs: an experimental comparison [J]. Journal of Sound and Vibration, 1991, 145(2): 195-215.

[7] Gardonio P, Bianchi E, Elliott S. Smart panel with multiple decentralized units for the control of sound transmission. Part I: theoretical predictions [J]. Journal of Sound and Vibration, 2004, 274(1): 163-192.

[8] Wang S, Tai K, Quek S. Topology optimization of piezoelectric sensors/actuators for torsional vibration control of composite plates [J]. Smart

Materials and Structures, 2006, 15(2): 253.

[9] Frecker M I. Recent advances in optimization of smart structures and actuators [J]. Journal of Intelligent Material Systems and Structures, 2003, 14(4-5): 207-216.

[10] Nguyen M, Nazeer H, Dekkers M, Blank D, Rijnders G. Optimized electrode coverage of membrane actuators based on epitaxial PZT thin films [J]. Smart Materials and Structures, 2013, 22(8): 085013.

[11] Donoso A, Bellido J. Tailoring distributed modal sensors for in-plane modal filtering [J]. Smart Materials and Structures, 2009, 18(3): 037002.

[12] Belegundu A, Salagame R, Koopmann G. A general optimization strategy for sound power minimization [J]. Structural Optimization, 1994, 8(2-3): 113-119.

[13] Salagame R, Belegundu A, Koopmann G. Analytical sensitivity of acoustic power radiated from plates [J]. Journal of Vibration and acoustics, 1995, 117(1): 43-48.

[14] Dong J, Choi K K, Kim N H. Design optimization for structural-acoustic problems using FEA-BEA with adjoint variable method [J]. Journal of Mechanical Design, 2004, 126(3): 527-533.

[15] Du J, Olhoff N. Minimization of sound radiation from vibrating bi-material structures using topology optimization [J]. Structural and Multidisciplinary Optimization, 2007, 33(4-5): 305-321.

[16] Du J, Olhoff N. Topological design of vibrating structures with respect to optimum sound pressure characteristics in a surrounding acoustic medium [J]. Structural and Multidisciplinary Optimization, 2010, 42(1): 43-54.

[17] Shu L, Yu Wang M, Ma Z. Level set based topology optimization of

vibrating structures for coupled acoustic - structural dynamics [J]. Computers & Structures, 2014, 132(1): 34-42.

[18] Kook J, Koo K, Hyun J, Jensen J S, Wang S. Acoustical topology optimization for Zwicker's loudness model - Application to noise barriers [J]. Computer Methods in Applied Mechanics and Engineering, 2012, 237(1): 130-151.

[19] Dühring M B, Jensen J S, Sigmund O. Acoustic design by topology optimization [J]. Journal of Sound and Vibration, 2008, 317(3): 557-575.

[20] Bendsoe M, Sigmund O. Design of multiphysics actuators using topology optimization—Part Ⅱ: Two-material structure [J]. Computer Methods in Applied Mechanics and Engineering, 2001, 190(49-50): 6605-6627.

[21] Silva E C N. Design of piezoelectric motors using topology optimization; proceedings of the SPIE's 8th Annual International Symposium on Smart Structures and Materials, F, 2001 [C]. International Society for Optics and Photonics.

[22] Jensen J S, Sigmund O. Systematic design of photonic crystal structures using topology optimization: Low-loss waveguide bends [J]. Applied Physics Letters, 2004, 84(12): 2022-2024.

[23] Stolpe M, Svanberg K. An alternative interpolation scheme for minimum compliance topology optimization [J]. Structural and Multidisciplinary Optimization, 2001, 22(2): 116-124.

[24] Stolpe M, Svanberg K. On the trajectories of penalization methods for topology optimization [J]. Structural and Multidisciplinary Optimization, 2001, 21(2): 128-139.

[25] Sigmund O, Maute K. Topology optimization approaches [J]. Structural and Multidisciplinary Optimization, 2013, 48(6): 1031-1055.

[26] Irschik H. A review on static and dynamic shape control of structures by piezoelectric actuation [J]. Engineering Structures, 2002, 24(1): 5-11.

[27] Sodano H A, Inman D J, Park G. Comparison of piezoelectric energy harvesting devices for recharging batteries [J]. Journal of Intelligent Material Systems and Structures, 2005, 16(10): 799-807.

[28] Xu B, Jiang J, Ou J. Integrated optimization of structural topology and control for piezoelectric smart trusses using genetic algorithm [J]. Journal of Sound and Vibration, 2007, 307(3): 393-427.

[29] Zori ć N D, Simonovi ć A M, Mitrovi ć Z S, Stupar S N. Optimal vibration control of smart composite beams with optimal size and location of piezoelectric sensing and actuation [J]. Journal of Intelligent Material Systems and Structures, 2012, 1045389X12463465.

[30] Sodano H A, Park G, Inman D. Estimation of electric charge output for piezoelectric energy harvesting [J]. Strain, 2004, 40(2): 49-58.

[31] Ma Z-D, Kikuchi N, Hagiwara I. Structural topology and shape optimization for a frequency response problem [J]. Computational Mechanics, 1993, 13(3): 157-174.

[32] Kreisselmeier G. Systematic control design by optimizing a vector performance index; proceedings of the IFAC Symp Computer Aided Design of Control Systems, Zurich, Switzerland, 1979, F, 1979 [C].

[33] Wrenn G A. An indirect method for numerical optimization using the Kreisselmeier-Steinhauser function [M]. National Aeronautics and Space Administration, Office of Management, Scientific and Technical Information Division, 1989.

[34] Poon N M, Martins J R. An adaptive approach to constraint aggregation using adjoint sensitivity analysis [J]. Structural and Multidisciplinary Optimization, 2007, 34(1): 61-73.

第 6 章

[1] Meirovitch L. Fundamentals of Vibrations [M]. Long Grove: Waveland Press, 2010.

[2] 张亚辉，林家浩. 结构动力学基础 [M]. 大连：大连理工大学出版社，2007.

[3] Adelman H M, Haftka R T. Sensitivity analysis of discrete structural systems [J]. AIAA Journal, 1986, 24(5): 823-832.

[4] Grandhi R V, Venkayya V. Optimum design of wing structures with multiple frequency constraints [J]. Finite Elements in Analysis and Design, 1989, 4(4): 303-313.

[5] Pierson B L. A survey of optimal structural design under dynamic constraints [J]. International Journal for Numerical Methods in Engineering, 1972, 4(4): 491-499.

[6] Ma Z-D, Kikuchi N, Cheng H-C. Topological design for vibrating structures [J]. Computer Methods in Applied Mechanics and Engineering, 1995, 121(1): 259-280.

[7] Afimiwala K, Mayne R. Optimum design of an impact absorber [J]. Journal of Manufacturing Science and Engineering, 1974, 96 (1): 124-130.

[8] Fox R, Kapoor M. Structural optimization in the dynamics response regime-A computational approach [J]. AIAA Journal, 1970, 8(10): 1798-1804.

[9] Feng T T, Arora J, Haug E. Optimal structural design under dynamic loads [J]. International Journal for Numerical Methods in Engineering, 1977, 11(1): 39-52.

[10] Wang S, Choi K K. Continuum design sensitivity of transient responses using Ritz and mode acceleration methods [J]. AIAA Journal, 1992, 30(4): 1099-1109.

[11] Dutta A, Ramakrishnan C. Accurate computation of design sensitivities for structures under transient dynamic loads using time marching scheme [J]. International Journal for Numerical Methods in Engineering, 1998, 41(6): 977-999.

[12] Dutta A, Ramakrishnan C. Accurate computation of design sensitivities for structures under transient dynamic loads with constraints on stresses [J]. Computers & Structures, 1998, 66(4): 463-472.

[13] Tortorelli D A, Lu S C, Haber R B. Design Sensitivity Analysis for Elastodynamic Systems [J]. Journal of Structural Mechanics, 1990, 18 (1): 77-106.

[14] Wang S, Tai K, Quek S. Topology optimization of piezoelectric sensors/actuators for torsional vibration control of composite plates [J]. Smart Materials and Structures, 2006, 15(2): 253.

[15] Frecker M I. Recent advances in optimization of smart structures and actuators [J]. Journal of Intelligent Material Systems and Structures, 2003, 14(4-5): 207-216.

[16] Nguyen M, Nazeer H, Dekkers M, Blank D, Rijnders G. Optimized electrode coverage of membrane actuators based on epitaxial PZT thin films [J]. Smart Materials and Structures, 2013, 22(8): 085013.

[17] Donoso A, Bellido J. Tailoring distributed modal sensors for in-plane modal filtering [J]. Smart Materials and Structures, 2009, 18(3): 037002.

[18] Igusa T, Kiureghian A D, Sackman J L. Modal decomposition method for stationary response of non-classically damped systems [J]. Earth-

quake Engineering & Structural Dynamics, 1984, 12(1): 121-136.

[19] Mello L, Takezawa A, Silva E. Designing piezoresistive plate-based sensors with distribution of piezoresistive material using topology optimization [J]. Smart Materials and Structures, 2012, 21(8): 085029.

[20] Min S, Kikuchi N, Park Y, Kim S, Chang S. Optimal topology design of structures under dynamic loads [J]. Structural Optimization, 1999, 17(2-3): 208-218.

[21] Kang B, Choi W, Park G. Structural optimization under equivalent static loads transformed from dynamic loads based on displacement [J]. Computers & Structures, 2001, 79(2): 145-154.

[22] Jang H, Lee H, Lee J, Park G. Dynamic response topology optimization in the time domain using equivalent static loads [J]. AIAA Journal, 2012, 50(1): 226-234.

[23] Dahl J, Jensen J S, Sigmund O. Topology optimization for transient wave propagation problems in one dimension [J]. Structural and Multidisciplinary Optimization, 2008, 36(6): 585-595.

[24] Johnson C D, Kienholz D A. Finite element prediction of damping in structures with constrained viscoelastic layers [J]. AIAA Journal, 1982, 20(9): 1284-1290.

[25] Ling Z, Ronglu X, Yi W, El-Sabbagh A. Topology optimization of constrained layer damping on plates using Method of Moving Asymptote (MMA) approach [J]. Shock and Vibration, 2011, 18(1-2): 221-244.

[26] Belegundu A, Salagame R, Koopmann G. A general optimization strategy for sound power minimization [J]. Structural Optimization, 1994, 8(2-3): 113-119.

[27] Salagame R, Belegundu A, Koopmann G. Analytical sensitivity of acoustic

power radiated from plates [J]. Journal of Vibration and acoustics, 1995, 117(1): 43-48.

[28] Dong J, Choi K K, Kim N H. Design optimization for structural-acoustic problems using FEA-BEA with adjoint variable method [J]. Journal of Mechanical Design, 2004, 126(3): 527-533.

[29] Niordson F I. On the optimal design of a vibrating beam(Supported beam analysis for finding best possible tapering optimizing highest natural frequency for lowest mode of lateral vibration) [J]. Quarterly of Applied Mathematics, 1965, 23(1): 47-53.

[30] 曹宗杰，孟广伟. 智能结构压电执行器位置的拓扑优化 [J]. 东北大学学报：自然科学版，2000，21(4)：383-385.

[31] Donoso A, Sigmund O. Optimization of piezoelectric bimorph actuators with active damping for static and dynamic loads [J]. Structural and Multidisciplinary Optimization, 2009, 38(2): 171-183.

[32] Zheng B, Chang C-J, Gea H C. Topology optimization of energy harvesting devices using piezoelectric materials [J]. Structural and Multidisciplinary Optimization, 2009, 38(1): 17-23.

[33] Rupp C J, Evgrafov A, Maute K, Dunn M L. Design of piezoelectric energy harvesting systems: a topology optimization approach based on multilayer plates and shells [J]. Journal of Intelligent Material Systems and Structures, 2009, 20(16): 1923-1939.

[34] Chen S, Gonella S, Chen W, Liu W K. A level set approach for optimal design of smart energy harvesters [J]. Computer Methods in Applied Mechanics and Engineering, 2010, 199(37): 2532-2543.

[35] Wein F, Kaltenbacher M, Stingl M. Topology optimization of a cantilevered piezoelectric energy harvester using stress norm constraints [J]. Struc-

tural and Multidisciplinary Optimization, 2013, 48(1): 173-185.

[36] Lin Z, Gea H C, Liu S. Topology Optimization of Piezoelectric Energy Harvesting Devices Subjected to Stochastic Excitation; proceedings of the ASME 2010 International Design Engineering Technical Conferences and Computers and Information in Engineering Conference, F, 2010 [C]. American Society of Mechanical Engineers.

[37] Noh J Y, Yoon G H. Topology optimization of piezoelectric energy harvesting devices considering static and harmonic dynamic loads [J]. Advances in Engineering Software, 2012, 53(1): 45-60.

[38] Lau G K, Du H, Guo N, Lim M K. Systematic design of displacement-amplifying mechanisms for piezoelectric stacked actuators using topology optimization [J]. Journal of Intelligent Material Systems and Structures, 2000, 11(9): 685-695.